現代基礎数学 ·· **10**

新井仁之・小島定吉・清水勇二・渡辺 治 編集

応用微分方程式

小川卓克 著

朝倉書店

編 集 委 員

新井仁之　東京大学大学院数理科学研究科

小島定吉　東京工業大学大学院情報理工学研究科

清水勇二　国際基督教大学教養学部

渡辺　治　東京工業大学大学院情報理工学研究科

まえがき

　未来を予測したいということは人間の生まれながらの，もっとも基本的な欲求であろう．それは，完全に知り得ない現実との相克の歴史なのであるが．とにかく先を知りたい，できれば誰よりも早く……とは誰しも思うことである．これが現実に可能になれば，多くのことが思いのままになるのではあるが，もちろん一般的には不可能な話である．

　数学は自然科学・工学の基礎として，その屋台骨を支えてきたが，その高度に抽象化された普遍性の背後に，こうした人間の基本的な欲求にこたえる指針を与える役割を担ってきた．

　微分方程式の理論，特に時間を変数にもつ微分方程式はその要求をもっとも劇的かつ精緻に実現した例の一つである．本書は，時間を変数にもつ微分方程式——常微分方程式，偏微分方程式——の基礎理論を概説したものである．

　微分方程式の教科書は古来非常に多い．常微分方程式論，偏微分方程式論それぞれの入門書，専門書も，和書洋書を問わず非常に多い．その中で，微分方程式の解法を関数解析などの比較的高度な予備知識無くして概観することは，従来から理学・工学諸分野において要求されてきたことである．そのような入門書すら，今日においては非常に多いが，様々な要請からそれらを読みこなす基礎知識は非常に限られるようになった．概観するということと，詳しく知るということは，時間の制約と時代の要求を負って，常に最適化を要求されるものである．

　本書は微分方程式全般にわたる理論と応用を概説するため，大学学部2〜3年生程度の内容を想定して，特に時間を変数とした，常微分方程式論の理論と実際，偏微分方程式に対するフーリエの方法の概説，そのための準備としてのフーリエ解析（フーリエ級数，フーリエ変換）の準備を一冊にまとめたものである．従来，応用解析ないし物理数学と呼ばれる数学の一分野に相応している．これ

らの内容は 1 年間程度の講義の内容とその周辺を含んでいる．学部 4 年で数値
解析を用いて実際の応用をめざす読者にとっても，前半の部分は知識の整理に
役にたつであろう．

　理論的な記述においてはかなり自己充足的に述べたつもりであるが，本書の
容量的制約から一部に精密に至らない点もある．特に積分にかかわる部分は，
直感的理解をうながすためにあえて詳細な説明を行っていない．より高度な専
門書にその点をゆだねたいが，本書一冊で応用上に必要な数値解析およびその
背景となる理論的な微分方程式の一般理論を概観できるように述べた．

　数学を専門と志す読者は，さらに専門的な教科書に進まれることを勧めるが，
微分方程式を道具と見なす読者にとっては，ここに記載されていることがおお
かた理解できれば，応用上の問題に対峙する素養を十分備えることができるで
あろう．

　数学は間近の応用をめざすだけではなく，20 年先 50 年先の世の中に役にた
つものを作り出す際に，重要となる「なぜそうなるのか？」あるいは，「どうし
たらそれを説明できるのか？」という視点を根本にしている．本書も不完全な
がらそういう方針を背後にもつ．本書が読者の将来の活躍に多少でも役に立て
ば幸いである．

　最後に，本書の執筆をおすすめいただいた東京大学大学院数理科学研究科 新
井仁之教授，ならびに原稿を通読して多くの誤りを指摘してくださった愛媛大
学理学部 猪奥倫左氏，また忍耐強く脱稿をお待ちいただいた朝倉書店編集部の
方々に感謝したい．

　　2017 年 3 月 仙台にて

小 川 卓 克

目　　次

1.　微分方程式とモデル・・　1
　1.1　生物増殖モデル・・　1
　1.2　人口増大モデル・・　4

2.　基本微分方程式と求積法・・・・・・・・・・・・・・・・・・・・・・・・・・・・・・・・・・・・・・　7
　2.1　微分方程式の正規型・・　7
　2.2　変数分離型・・　9
　2.3　同　次　型・・　10
　2.4　同次型に帰着できる方程式・・・・・・・・・・・・・・・・・・・・・・・・・・・・・・・・・・・　12
　2.5　一階線形微分方程式・・・　13
　2.6　二階線形微分方程式・・・　15
　2.7　求積できる非線形方程式・・・・・・・・・・・・・・・・・・・・・・・・・・・・・・・・・・・・・　18
　　2.7.1　ベルヌーイ型微分方程式・・・・・・・・・・・・・・・・・・・・・・・・・・・・・・・　18
　　2.7.2　リッカチ型微分方程式・・・・・・・・・・・・・・・・・・・・・・・・・・・・・・・・・・　19

3.　微分方程式の解の存在理論・・・・・・・・・・・・・・・・・・・・・・・・・・・・・・・・・・・　22
　3.1　正規型微分方程式の初期値問題・・・・・・・・・・・・・・・・・・・・・・・・・・・・・・・　22
　3.2　リプシッツ連続性と一様収束・・・・・・・・・・・・・・・・・・・・・・・・・・・・・・・・・　23
　3.3　ピカールの逐次近似法・・・・・・・・・・・・・・・・・・・・・・・・・・・・・・・・・・・・・・・　27
　3.4　グロンウォールの補題と一意性・・・・・・・・・・・・・・・・・・・・・・・・・・・・・・・　31

4.　線形微分方程式・・　34
　4.1　高階線形微分方程式・・・　34
　4.2　線形微分方程式の性質・・・・・・・・・・・・・・・・・・・・・・・・・・・・・・・・・・・・・・・　35
　4.3　定数係数斉次高階微分方程式の解法 (特性方程式の方法)・・・・・・・・　37

iv 目　　次

4.4 特性方程式による基本解の分類 $\cdots\cdots\cdots\cdots\cdots\cdots\cdots\cdots\cdots$ 39

　4.4.1 特性方程式がすべて異なる実数の特性根の組をもつとき $\cdots\cdots$ 39

　4.4.2 特性方程式が重根をもつとき $\cdots\cdots\cdots\cdots\cdots\cdots$ 40

　4.4.3 特性方程式が虚根 (複素数根) をもつとき $\cdots\cdots\cdots\cdots$ 40

4.5 非斉次二階線形微分方程式 $\cdots\cdots\cdots\cdots\cdots\cdots\cdots\cdots\cdots$ 42

5. 連立線形微分方程式 $\cdots\cdots\cdots\cdots\cdots\cdots\cdots\cdots\cdots\cdots\cdots$ 45

5.1 連立線形微分方程式 $\cdots\cdots\cdots\cdots\cdots\cdots\cdots\cdots\cdots\cdots$ 45

5.2 ロンスキー行列と解の独立性 $\cdots\cdots\cdots\cdots\cdots\cdots\cdots\cdots$ 49

5.3 定数係数連立線形微分方程式 $\cdots\cdots\cdots\cdots\cdots\cdots\cdots\cdots$ 55

　5.3.1 行列の指数関数 $\cdots\cdots\cdots\cdots\cdots\cdots\cdots\cdots\cdots$ 56

　5.3.2 具体的な行列の指数関数の例 $\cdots\cdots\cdots\cdots\cdots\cdots$ 57

6. 微分方程式の級数解法 $\cdots\cdots\cdots\cdots\cdots\cdots\cdots\cdots\cdots\cdots$ 62

6.1 オイラー型方程式 $\cdots\cdots\cdots\cdots\cdots\cdots\cdots\cdots\cdots\cdots$ 62

6.2 正則係数の微分方程式 $\cdots\cdots\cdots\cdots\cdots\cdots\cdots\cdots\cdots$ 65

6.3 級 数 解 法 $\cdots\cdots\cdots\cdots\cdots\cdots\cdots\cdots\cdots\cdots\cdots$ 67

6.4 フックス型と確定特異点 $\cdots\cdots\cdots\cdots\cdots\cdots\cdots\cdots$ 69

6.5 ベッセルの微分方程式 $\cdots\cdots\cdots\cdots\cdots\cdots\cdots\cdots\cdots$ 74

7. ラプラス変換とその応用 $\cdots\cdots\cdots\cdots\cdots\cdots\cdots\cdots\cdots$ 80

7.1 ラプラス変換の定義 $\cdots\cdots\cdots\cdots\cdots\cdots\cdots\cdots\cdots\cdots$ 80

7.2 ラプラスの反転公式 $\cdots\cdots\cdots\cdots\cdots\cdots\cdots\cdots\cdots\cdots$ 82

7.3 ラプラス変換の諸性質と合成積 $\cdots\cdots\cdots\cdots\cdots\cdots\cdots$ 85

　7.3.1 ラプラス変換の性質 $\cdots\cdots\cdots\cdots\cdots\cdots\cdots\cdots$ 85

　7.3.2 合成積とラプラス変換 $\cdots\cdots\cdots\cdots\cdots\cdots\cdots$ 88

7.4 周期関数のラプラス変換 $\cdots\cdots\cdots\cdots\cdots\cdots\cdots\cdots$ 91

7.5 線形微分方程式の解法 (演算子法) $\cdots\cdots\cdots\cdots\cdots\cdots$ 92

7.6 積分方程式の反転 $\cdots\cdots\cdots\cdots\cdots\cdots\cdots\cdots\cdots\cdots$ 93

8. フーリエ級数 $\cdots\cdots\cdots\cdots\cdots\cdots\cdots\cdots\cdots\cdots\cdots\cdots$ 97

8.1 周期関数と三角関数 $\cdots\cdots\cdots\cdots\cdots\cdots\cdots\cdots\cdots\cdots$ 99

目　　　次　　　　　　v

　　8.2　ベクトルと直交性 ………………………………………………… 101
　　8.3　フーリエ級数 ……………………………………………………… 103
　　8.4　フェイエルの方法と平均収束 …………………………………… 107
　　8.5　一様収束とベッセルの不等式 …………………………………… 114
　　8.6　微分可能な関数のフーリエ級数展開 …………………………… 118
　　8.7　フーリエ級数の計算 ……………………………………………… 119
　　8.8　フーリエ級数の収束 ……………………………………………… 123
　　8.9　不連続点における考察 …………………………………………… 127
　　8.10　フーリエ級数の複素数化 ………………………………………… 131

9.　フーリエ変換 ………………………………………………………… 134
　　9.1　フーリエ変換の導入 ……………………………………………… 134
　　　9.1.1　非周期関数とフーリエ解析 ………………………………… 134
　　　9.1.2　フーリエ変換の計算の実際 ………………………………… 136
　　9.2　フーリエ変換の性質 ……………………………………………… 137
　　9.3　フーリエ変換の計算例 …………………………………………… 139
　　9.4　合成積とフーリエ変換 …………………………………………… 140
　　　9.4.1　合成積 (畳み込み積) ………………………………………… 140
　　　9.4.2　相　関　関　数 ……………………………………………… 142
　　　9.4.3　合成積とフーリエ変換の関係 ……………………………… 142
　　9.5　フーリエの反転公式とパーセバルの等式 ……………………… 143
　　9.6　インパルス関数とデルタ関数 …………………………………… 149
　　9.7　多変数のフーリエ変換 …………………………………………… 152

10.　偏微分方程式の初期値境界値問題とフーリエ解析 ……………… 155
　　10.1　熱伝導方程式 ……………………………………………………… 155
　　10.2　初期条件・境界条件 ……………………………………………… 157
　　10.3　熱伝導方程式の解法 ……………………………………………… 158
　　　10.3.1　周期境界条件のとき ………………………………………… 158
　　　10.3.2　(0-) ディリクレ境界条件のとき …………………………… 161
　　　10.3.3　(0-) ノイマン境界条件のとき ……………………………… 162
　　10.4　平面内の熱伝導方程式 …………………………………………… 165

vi 目 次

10.5 波動方程式 ·· 168

10.6 波動方程式の解法 ··· 170

10.6.1 0-ディリクレ問題 ··· 170

10.6.2 0-ノイマン問題 ··· 172

11. 偏微分方程式の初期値問題とその解法 ··························· 177

11.1 熱方程式の初期値問題 ··· 177

11.1.1 斉次熱方程式の初期値問題 ·································· 177

11.1.2 非斉次熱方程式の初期値問題 ······························ 180

11.1.3 高次元の熱方程式 ·· 182

11.2 波動方程式の初期値問題 ··· 184

11.2.1 斉次波動方程式の初期値問題 ······························ 184

11.2.2 非斉次波動方程式の初期値問題 ··························· 187

11.3 シュレディンガー方程式の初期値問題 ························· 188

11.4 ストークス方程式の初期値問題 ································· 191

索 引 ··· 197

第1章

微分方程式とモデル

CHAPTER 1

　様々な自然現象を理論的に解明しようとするときに，未知の量を時間変数 t や空間変数 x の関数と見なして，合理的な方程式をたて，その関数を求めることを考える．その際に未知関数の微分を含む方程式が自然現象のモデルとなることは多い．そのような方程式を解くことにより，自然現象の定量的な解明が可能となる．このような未知関数の微分を含む方程式を微分方程式という．以下ではまず微分方程式の現れる，具体的なモデルについて考える．

1.1　生物増殖モデル

　ある領域内に生息する生物の個体数を仮に $N(t)$ とする．具体的に述べればシャーレの中のバクテリア数，教室の中の学生諸君の数，九州地方全域の鳥類の総数，中国の総人口などである．t は便宜上時間のパラメータである．時刻が t から $t + \Delta t$ に変化したときの人口変化率 (生物増殖率) は

$$\frac{N(t + \Delta t) - N(t)}{\Delta t}$$

で与えられる．生物総数が多いほど増加率が大きいと仮定して単位人口 (生物数) あたりの人口増加率 (個体増加率) を $R(t)$ とおけば

$$R(t)N(t) = \frac{N(t + \Delta t) - N(t)}{\Delta t} \tag{1.1}$$

という式がたてられる．右辺はおなじみの微分商であり $\Delta t \to 0$ により $N(t)$ の微分 $\frac{dN}{dt}$ に近づく．

　さて式 (1.1) より $t = t_0$ と置き換えて $N(t_0 + \Delta t)$ について解けば

$$N(t_0 + \Delta t) = N(t_0) + N(t_0)R(t_0)\Delta t = (1 + R(t_0)\Delta t)N(t_0)$$

であるから，もし単位人口あたりの人口増加率 $R(t)$ が一定ならば $R(t) = R_0$ とおいて

$$N(t_0 + \Delta t) = (1 + R_0 \Delta t) N(t_0)$$

を得る．これから

$$N(t_0 + 2\Delta t) = (1 + R_0 \Delta t) N(t_0 + \Delta t) = (1 + R_0 \Delta t)^2 N(t_0)$$

などと次々に代入すれば，$n = 1, 2, 3, \cdots$ に対して

$$N(t_0 + n\Delta t) = (1 + R_0 \Delta t)^n N(t_0) \tag{1.2}$$

を得る．R_0 が正なら人口は単調に増大することがわかる．

さて (1.1) において $\Delta t \to 0$ とした式

$$\frac{dN}{dt}(t) = R(t)N(t)$$

は未知関数 $N(t)$ の微分を含む．このように未知の関数の微分を含む方程式を微分方程式と呼ぶ．上のように $R(t) = R_0$ の場合にはこの微分方程式は容易に解ける．実際

$$\frac{dN}{dt}(t) - R_0 N(t) = 0$$

の両辺に $e^{-R_0 t}$ をかけると

$$\frac{d}{dt}\{e^{-R_0 t} N(t)\} = e^{-R_0 t} \frac{dN}{dt}(t) - R_0 e^{-R_0 t} N(t)$$
$$= e^{-R_0 t}\Big\{\frac{dN}{dt}(t) - R_0 N(t)\Big\} = 0$$

であるから，区間 $[t_0, t]$ 上で積分すれば

$$e^{-R_0 t} N(t) = e^{-R_0 t_0} N(t_0)$$

を得て

$$N(t) = e^{R_0(t - t_0)} N(t_0). \tag{1.3}$$

これは $R_0 > 0$ の時に指数関数的に増大するグラフを示す．

ここでこの解が元の離散的な問題 (1.2) をうまく近似していることに気づく．実際

$$N(t_0 + n\Delta t) = (1 + R_0 \Delta t)^n N(t_0) \tag{1.4}$$

に対して $t = t_0 + n\Delta t$ とおけば $\Delta t = \dfrac{t - t_0}{n}$ だから

$$N(t) = \Big(1 + \frac{R_0(t - t_0)}{n}\Big)^n N(t_0)$$

を得て，$n \to \infty$ とすると，自然対数の底 e の定義

$$\lim_{n \to \infty} \left(1 + \frac{1}{n}\right)^n = e$$

から (1.3) の式

$$N(t) = e^{R_0(t-t_0)} N(t_0) \tag{1.5}$$

を再現することになる．

以上はマルサスの人口増大モデルと呼ばれる．この例のように

離散的事例 (たとえばとびとびにサンプリングされたデータ) に対して
その極限として現象を連続的に処理し，極限として微分方程式を導出し，
微積分を用いてそれを分析して，元の現象の説明を与える．

という手法はきわめて有効である．

別の例でも同様な数学的事実が現れることをみることができる．

例 1.1　ある種の放射性元素は同じ種類の他の原子核の分裂から生じる中性子
によって核分裂を引き起こす．いま時刻 t における沈澱層にいれられた放射性
元素の単位体積あたりの個数 (密度) を $N(t)$ とすると核分裂の発生のしやすさ
はその元素の密度によって定まり，元素の密度の単位時間内の減り具合は元素
の密度に比例する．密度の時間減少率と密度の比が R である (R は正の定数)
とするとき時刻 t の元素の密度 $N(t)$ の満たす式をたて，その t による挙動を推
測せよ．また原子核の密度が半分になる時刻を求めよ [*1)]．

単位時間を Δt とすると単位時間内の密度の減少率は $-(N(t+\Delta t)-N(t))/\Delta t$
である．したがって成り立つ式は

$$-\frac{N(t+\Delta t) - N(t)}{\Delta t} = RN(t)$$

となり $\Delta t \to 0$ で

$$-\frac{dN}{dt} = RN$$

となる．この式を満たす N は $N(t) = N(0)e^{-Rt}$ であり，原子核の密度は時間
が経つと指数関数的に減少する．密度が半分になる，すなわち $N(t) = N(0)/2$
となる t は

[*1)]　R (の定数倍) を半減期と呼ぶ．

$$\frac{1}{2} = \frac{N(t)}{N(0)} = e^{-Rt}$$

から

$$t = \frac{\log 2}{R}$$

で与えられる. 原子力発電などで用いられる, 放射性元素のうち, ウラン 235 に比べてその廃棄物から生成されるプルトニウムの半減期は非常に長い. 放射性廃棄物からの放射線の影響は長期にわたって環境に影響を与えることになる.

1.2 人口増大モデル

フェルフルスト (Verhulst) は人口増大のモデルとして環境による影響を考慮したものを考えた. a, b, c をそれぞれ正の定数として

- 単位人口あたりの出生率 : $a - bN(t)$,
- 単位人口あたりの死亡率 : c.

このモデルは, 人口が多くなると環境が悪化して出生率が下がるといった効果 $-bN(t)$ を取り込んだものである. したがって単位人口あたりの人口増加率は

$$a - bN(t) - c = a - c - bN(t) = \varepsilon\Big(1 - \frac{1}{K}N(t)\Big).$$

ただし $\varepsilon = a - c$, $K = (a - c)/b$ とおいた. このとき

$$\frac{dN}{dt}(t) = \varepsilon\Big(1 - \frac{1}{K}N(t)\Big)N(t)$$

を得る. 直感的には $N(t)$ が K を上回ると右辺が負になり増加率が負となって減少に転じる. したがって $t \to \infty$ で $N(t)$ はある一定の値に漸近する可能性を示唆する.

この方程式は, 以下のようにして解くことができる. たとえば方程式がより簡単な形,

$$\frac{dM}{ds}(s) = (1 - M(s))M(s)$$

で表されるとき [*2], その解法は

$$\frac{1}{M(1 - M)}\frac{dM}{ds} = 1$$

より左辺を部分分数分解すると

[*2] 具体的には $M(s) = \dfrac{N(t)}{K}$, $s = \varepsilon t$ と置き換えたことになる.

$$\left(\frac{1}{M} + \frac{1}{1-M}\right)\frac{dM}{ds} = 1.$$

$[s_0, s]$ 上で積分すると

$$\int_{s_0}^{s} \frac{1}{M(s)} \frac{dM}{ds} ds - \int_{s_0}^{s} \frac{1}{M(s)-1} \frac{dM}{ds} ds = s - s_0.$$

したがって

$$\log M(s) - \log M(s_0) - \log(M(s)-1) + \log(M(s_0)-1) = s - s_0.$$

すなわち

$$\log \frac{M(s)}{M(s)-1} = s - s_0 + \log \frac{M(s_0)}{M(s_0)-1}.$$

両辺の対数関数を外すと

$$\frac{M(s)}{M(s)-1} = \frac{M(s_0)}{M(s_0)-1} e^{s-s_0}.$$

したがって

$$M(s) = (M(s)-1)\frac{M(s_0)}{M(s_0)-1} e^{s-s_0}.$$

これより $M(s)$ について解くと,

$$M(s) = -\frac{\dfrac{M(s_0)}{M(s_0)-1} e^{s-s_0}}{1 - \dfrac{M(s_0)}{M(s_0)-1} e^{s-s_0}}$$

$$= \frac{\dfrac{M(s_0)}{1-M(s_0)} e^{s-s_0}}{1 + \dfrac{M(s_0)}{1-M(s_0)} e^{s-s_0}}$$

$$= \frac{1}{1 + \dfrac{1-M(s_0)}{M(s_0)} e^{-(s-s_0)}}.$$

ゆえに

$$N(t) = \frac{K}{1 + ke^{-\varepsilon(t-t_0)}}.$$

ただし $k = \frac{K-N(t_0)}{N(t_0)}$, $t_0 = \varepsilon^{-1}s_0$ である. $t \to \infty$ としたとき $N(t) \to K$ となる. この解を図示した曲線をロジスティック曲線 (図 1.1) と呼ぶ.

　ここで述べた例は, 人口増大モデルなど, 生物の個体数の変化に関するモデルではあるが, 類似のモデルが工業革新に基づく企業の業績増大のモデルとなったり, 工業製品の売り上げにおける時間経過を表すモデルとなったりする. すなわち

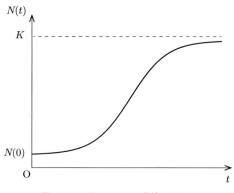

図 1.1　ロジスティック曲線のグラフ

あるモデルにおける微分方程式のモデルが，複数のまったく異なる現象や事象の解析に役立つことがある．これは問題の焦点をモデル化して特徴を数理的に単純化，抽象化した結果であって，ほかのモデルの解析に使われた手法が多くの未知の問題の解決や状況の推測に役立つことがある．

これは個々のモデルの特性にかかわらず，その背後に隠れた数理的な特性を数学的に取り出したために得られたものであって，数学が役にたつ典型的な例である．

問題 1.1　フェルフルストの人口増大モデル
$$\frac{dM}{dt} = M - M^2$$
を初期人口が $M(0) = \frac{1}{2}$ のときと $M(0) = -1$ について解を求め，それを図示せよ．

$M(0) = \frac{1}{2}$ のとき
$$M(t) = \frac{1}{1 + e^{-t}}.$$
$M(0) = -1$ のとき
$$M(t) = \frac{1}{1 - 2e^{-t}}.$$
したがって，特に後者で $t \nearrow \log 2$ のときは解が爆発する．

第2章
基本微分方程式と求積法

この章では，初等的な微分方程式の分類とその具体的な解法を紹介する．$f(t)$ を与えられた関数とするときに，もっとも簡単な微分方程式は $\dfrac{dx}{dt} = f(t)$ であろう．ここで $x = x(t)$ は t を変数とする未知関数である．この式から $x(t)$ を求めることは，既知関数 $f(t)$ を変数 t について不定積分を行うことに他ならない．微分方程式は未知関数の微分を含む方程式であるが，不定積分を行うことにより，その未知関数が特定できる．このように直接積分によって微分方程式の解を求めることを求積法と呼ぶ．以下では基本的な微分方程式の求積法について概観する．

2.1 微分方程式の正規型

以下で，t を適当な区間 $I = (0, T)$ に値をとる変数，$x(t)$ を n 個の実数の列 (n 次元ベクトル) に値をとる変数 t の未知関数とする．微分方程式とは未知関数 $x(t)$ の微分を含む方程式のことをいう．$x^{(k)}(t)$ を $x(t)$ の t についての k 階微分とすると，方程式を一般的に書き表せば

$$F(t, x(t), x'(t), x''(t), \cdots, x^{(n)}(t)) = 0$$

という形となる．しかし，はじめからこのような一般的な問題を考えるのは問題が難しすぎて得策ではない．そこではじめは単純な構造の微分方程式を考える．

与えられた関数 $f(t, x) : \mathbb{R} \times \mathbb{R} \to \mathbb{R}^n$ に対して

$$\frac{dx}{dt} = f(t, x) \tag{2.1}$$

と表せるとき，この形の微分方程式を正規型 (normal form) と呼ぶ．未知関数の微分は一階まででしかなく，それは左辺にあり，右辺は未知関数の微分を含まない．このように，方程式を微分を含む部分と微分を含まない部分に分けて表

すことが微分方程式の解を求める第一歩となる．さて微分方程式の解を求めるには，必ず積分する必要がある．一般に関数の積分を 1 回実行すれば必ず未定の積分定数 C が一つ発生する．このような定数 C を許した微分方程式の答えを**一般解**と呼ぶ．これに対して何らかの条件たとえば $t = 0$ での x の値を指定して解を求めたとき，このような定数は特定の値に求まるものである．このように未定の定数を含まない解を**特解**，あるいは単に**解**と呼ぶ．

与えられた関数 $g(t, x)$ に対して

$$\sqrt{1 + \left(\frac{dx}{dt}\right)^2} = g(t, x)$$

という方程式を考える．この方程式はこのままでは正規型ではない．そこで微分の項について方程式を解くために，まず両辺を 2 乗し 1 を左辺に移項して

$$\left(\frac{dx}{dt}\right)^2 = g^2(t, x) - 1.$$

さらに両辺の平方根をとれば

$$\frac{dx}{dt} = \pm\sqrt{g^2(t, x) - 1}$$

と解くことができる．これは正規型の形をしている．このように与えられた微分方程式が一見正規型をしていなくとも，式を同値に変形することによって，正規型に帰着できる例は少なくない．

例 2.1　a, b を定数とする．方程式

$$\frac{d^2 x}{dt^2} + a\left(\frac{dx}{dt}\right)^2 + bx = g(t, x)$$

を正規型に直せ．

新しい未知関数を $y(t) = \frac{dx}{dt}$ とおくと

$$\begin{cases} \dfrac{dy}{dt} = -ay^2 - bx + g(t, x), \\ \dfrac{dx}{dt} = y \end{cases}$$

と表せる．$X(t) = {}^t(y(t), x(t))$ とおくと

$$\frac{dX}{dt} = \begin{pmatrix} -ay(t) & -b \\ 1 & 0 \end{pmatrix} X + \begin{pmatrix} g(t, x) \\ 0 \end{pmatrix}$$

となり，正規型になる．

2.2 変 数 分 離 型

正規型微分方程式 (2.1) の右辺 $f(t, x)$ が，変数 t と未知関数 $x(t)$ の関数の積で表されるとき，たとえば，$f(t)g(x)$ とかけるとき，この微分方程式を**変数分離型**と呼ぶ.

$$\frac{dx}{dt}(t) = f(t)g(x)$$

変数分離型は次のようにして容易に積分できる形となる. いま，$g(x) \neq 0$ と仮定して

$$\frac{1}{g(x)}\frac{dx}{dt} = f(t)$$

の両辺を t で積分して

$$\int^t \frac{1}{g(x)}\frac{dx}{dt}dt = \int^t f(t)dt.$$

ここで $\displaystyle\int^t dt$ は不定積分を実行し，その後にその変数として t を代入するという意味である. $f(t)$ の原始関数が求まって $F(t)$ とかけるならば左辺は置換積分をして

$$\int^{x(t)} \frac{dx}{g(x)} = F(t) + C$$

を得る. ただし C は定数である. 左辺の不定積分が $\tilde{G}(x)$ と求まるとき不定積分を実行すれば

$$\tilde{G}(x) + C' = F(t) + C.$$

ここで C' も C も不定積分で生じる積分定数である. さらに $\tilde{G}$ の逆関数 $\tilde{G}^{-1}$ が存在すれば解は

$$x(t) = \tilde{G}^{-1}[F(t) + \tilde{C}]$$

で与えられることになる. ここで $\tilde{C} = C - C'$ は未定の定数である. 前の章で現れた人口増大の理論の微分方程式はいずれもこの変数分離型となっている.

上の説明は記号が次から次に現れて，何かわかった気にさせない. このような話は論より証拠，実際の問題を解いてみることにより理解が進む.

例 2.2 $\dfrac{dx}{dt} = -\dfrac{x}{t}$ $(t \neq 0)$ を解け.

$x(t) \neq 0$ と仮定する．このとき両辺を $x(t)$ で割って，

$$\frac{1}{x(t)} \frac{dx}{dt} = -\frac{1}{t}.$$

変数 t で割って積分すると

$$\int^t \frac{1}{x(t)} \frac{dx}{dt} dt = -\int^t \frac{1}{t} dt.$$

左辺を置換積分すると

$$\int^{x(t)} \frac{dx}{x} = -\log|t| + \tilde{C}.$$

これより

$$\log|x(t)| + C' = -\log|t| + \tilde{C},$$

$$x(t) = \frac{e^{\tilde{C} - C'}}{t} = \frac{C}{t}.$$

ここで C は未定の定数であって，最後の項で $C = e^{\tilde{C} - C'}$ とおきなおしている．$x(t) = 0$ となる t が存在するときには解は 0 となるが，それは上記の $C = 0$ の場合に対応している (このことの厳密な取り扱いは後述する)．このように不定の定数を伴った解を一般解と呼んだ．上の解に対して，ある t_0 での $x(t_0)$ の値を指定すると C の値が定まる．たとえば $t = 1$ で $x(1) = 2$ であるとすると $x(t) = 2t^{-1}$ となる．このように解へのある条件を満たした解を特解と呼ぶ.

2.3 同　次　型

正規形の微分方程式

$$\frac{dx}{dt}(t) = f(t, x(t))$$

で，任意の正の定数 $\lambda > 0$ に対して

$$f(\lambda t, \lambda x) = f(t, x)$$

を満たすとき，この方程式を同次型と呼ぶ．特に $\lambda = t^{-1}$ と選べば，方程式の右辺は $f(\lambda t, \lambda x) = f\left(1, \dfrac{x(t)}{t}\right)$ であるから，右辺は必ず x/t の関数で表される．そこで右辺を単に $f(x/t)$ とおいて次の形の方程式を考える.

$$\frac{dx}{dt}(t) = f\left(\frac{x}{t}\right)$$

このような方程式を同次型と呼ぶ．同次型の微分方程式は $y(t) = \frac{x(t)}{t}$ とおくことにより，$y(t)$ に対する変数分離型に帰着される．実際

$$\frac{dx}{dt} = y(t) + t\frac{dy}{dt}$$

より，左辺は $f(x/t) = f(y)$ と等しいから

$$y(t) + t\frac{dy}{dt} = f(y)$$

である．このとき

$$\frac{dy}{dt} = \frac{1}{t}\big(f(y(t)) - y(t)\big)$$

であり，これは変数分離型である．

再びだまされたような気分になるので，そのようなときは論より証拠，実際の問題を解いてみる．

例 2.3 $\dfrac{dx}{dt} = \dfrac{t-x}{t+x}$ を解け．

与えられた方程式は $t \neq 0$ のとき

$$\frac{dx}{dt} = \frac{1 - x/t}{1 + x/t}$$

ゆえ同次型である．$y(t) = x(t)/t$ とおくと

$$\frac{dx}{dt} = t\frac{dy}{dt} + y = \frac{1-y}{1+y}.$$

したがって

$$\frac{dy}{dt} = \frac{1}{t}\left(\frac{1-y}{1+y} - y\right)$$
$$= \frac{1}{t}\left(\frac{1 - 2y - y^2}{1+y}\right)$$

となり，変数分離型に変形された．$1 - 2y - y^2 \neq 0$ と仮定して，t で積分することにより

$$\left(\frac{1+y}{1 - 2y - y^2}\right)\frac{dy}{dt} = \frac{1}{t}.$$

両辺を t で積分すると

$$\int^t \frac{1+y}{1-2y-y^2}\frac{dy}{dt}dt = \int^t \frac{1}{t}dt.$$

左辺を置換積分して

$$\int^{y(t)} \frac{1+y}{1-2y-y^2}dy = \log|t| + C'.$$

左辺の非積分関数の分子は，分母を微分したものになっているので

$$-\frac{1}{2}\log|1-2y(t)-y^2(t)| + C'' = \log|t| + C',$$

$$\log|1-2y(t)-y^2(t)| = -2\log|t| + C,$$

$$|1-2y-y^2| = e^C|t|^{-2}.$$

$1-2y-y^2 = 1 - 2\dfrac{x}{t} - \dfrac{x^2}{t^2}$ ゆえ，$|t|^2$ を両辺にかけて絶対値をはずすと

$$t^2 - 2tx(t) - x^2(t) = \pm e^C$$

を得る．ここで $C = 2(C''-C')$ は未定定数である．

2.4　同次型に帰着できる方程式

そのままでは同次型にならないが，変数変換によって同次型に帰着できる例をあげる．

例 2.4　a, b, c と a', b', c' を定数として微分方程式

$$\frac{dx}{dt} = \frac{at+bx+c}{a't+b'x+c'}$$

を考える．

この場合，変数を変換して回転を加えると，右辺の分母分子の c と c' を消去できて同次型に帰着できる．実際，もし $ab' - a'b \neq 0$ ならば

$$\begin{pmatrix} a & b \\ a' & b' \end{pmatrix}\begin{pmatrix} t \\ x \end{pmatrix} = -\begin{pmatrix} c \\ c' \end{pmatrix}$$

は根 $\begin{pmatrix} \alpha \\ \beta \end{pmatrix}$ をもち

$$\begin{cases} a\alpha + b\beta = -c, \\ a'\alpha + b'\beta = -c' \end{cases}$$

を満たすからこの式の (c, c') をもとの方程式に代入して

$$\frac{dx}{dt} = \frac{a(t-\alpha) + b(x-\beta)}{a'(t-\alpha) + b'(x-\beta)}$$

を得る. ここで変数変換により $s = t - \alpha,\ y = x - \beta$ とおくと方程式は

$$\frac{dy}{ds} = \frac{as + by}{a's + b'y}$$

となる. これは y と s について同次型の微分方程式である.

一方 $ab' - a'b = 0$ のときは $at + bx = k(a't + b'x)$ と表せるので, 方程式右辺が

$$\frac{dx}{dt} = \frac{at + bx + c}{a't + b'x + c'} = \frac{k(a't + b'x) + c}{a't + b'x + c'}$$
$$= \frac{k(a't + b'x + c') + c - kc'}{a't + b'x + c'} = k + \frac{c - kc'}{a't + b'x + c'}$$

と表されて $z = a't + b'x + c'$ とおきなおすことにより

$$\frac{dx}{dt} = \frac{1}{b'}\left(\frac{dz}{dt} - a'\right) = \frac{c - kc'}{z} + k$$

となって, やはり変数分離型となる.

2.5 一階線形微分方程式

一般に関数 $L(t, x)$ が x について線形であるとは, スカラー定数 a, b とベクトル x, y に対して

$$L(t, ax + by) = aL(t, x) + bL(t, y)$$

が成り立つときをいう. 微分方程式の解 x とその微分 x' について, 微分方程式がこうした性質を満たすとき, 元の微分方程式を**線形微分方程式**と呼ぶ (線形性は未知関数 x に対するものであることに注意する). 一階の正規微分方程式が線形となるのは微分方程式の右辺 $f(t, x)$ が x に対して線形となる場合である. いま x が1次元ベクトルの場合 (すなわちスカラーと同じ場合) に a, b を任意の定数として

$$f(t, ax + by) = af(t, x) + bf(t, y)$$

が成り立つ. いま $a = 1,\ b = h,\ y = 1$ と選んで[*1)]

$$\frac{1}{h}(f(t, x+h) - f(t, x)) = f\left(t, \frac{x + h - x}{h}\right) = f(t, 1)$$

[*1)] 別の選び方, たとえば $a = -h^{-1},\ b = h^{-1},\ y = x + h$ でもよい.

であり，$|h| \to 0$ によっても右辺は変わらない定数である．よって f は x について微分可能となり

$$\frac{\partial f}{\partial x}(t, x) = f(t, 1)$$

から $f(t, x) = f(t, 1)x + f_0(t)$ を得る．線形性から特に $0 = f(t, 0) = f_0(t)$ である．そこで $f(t, 1) = p(t)$ とおいて次の形を得る．

$$\frac{dx}{dt}(t) = p(t)x(t)$$

これを斉次線形微分方程式と呼ぶ．より一般に $f(t, 0) = 0$ という条件を外して次の形の微分方程式を非斉次線形微分方程式 (アフィン型微分方程式) と呼ぶ．

$$\frac{dx}{dt}(t) = p(t)x(t) + q(t)$$

一階線形微分方程式の解法と理論については以下の章で詳細に述べるが，未知関数 $x(t)$ が実数値関数で係数 $p(t)$，$q(t)$ が定数，すなわち

$$\frac{dx}{dt} = Ax + B$$

のときは変数分離型に他ならない．したがって容易に解ける．実際

$$\frac{1}{x(t) + \frac{B}{A}}\frac{dx}{dt} = A$$

を積分して

$$\int^t \frac{1}{x(t) + \frac{B}{A}}\frac{dx}{dt}dt = At + C.$$

左辺に置換積分を施して

$$\int^x \frac{dx}{x + \frac{B}{A}} = At + C$$

より $\log(x + \frac{B}{A}) = At + C$ から

$$x = C'e^{At} - \frac{B}{A}$$

を得る．ここで $C' = e^C$ である．

係数が定数とならない場合も類似の手法で解が見いだせる．すなわち

$$\frac{dx}{dt} = p(t)x + q(t)$$

を考える.

i) $q(t) \equiv 0$ のときこの方程式を斉次線形方程式

ii) $q(t) \not\equiv 0$ のときこの方程式を非斉次線形方程式

と呼ぶのであった.

i) 斉次方程式の場合

このとき右辺は前述同様変数分離型となるので

$$\frac{1}{x(t)}\frac{dx}{dt} = p(t)$$

を積分して

$$\int^x \frac{dx}{x} = \int^t p(s)ds$$

より

$$\log x = \int^t p(s)ds + C$$

から $x(t) - C'e^{\int^t p(s)ds}$ を得る. ここで $C' = e^C$ である.

ii) 非斉次方程式の場合

斉次方程式の解の定数 C が時間の関数となると見なして解を探す. 方程式に $e^{-\int_a^t p(r)dr}$ をかけて

$$\frac{d}{dt}(e^{-\int_a^t p(r)dr}x(t)) = \frac{dx}{dt}e^{-\int_a^t p(r)dr} - p(t)xe^{-\int_a^t p(r)dr}$$
$$= q(t)e^{-\int_a^t p(r)dr}.$$

これを積分して

$$e^{-\int_a^t p(r)dr}x(t) + C = \int^t e^{-\int_a^s p(r)dr}q(s)ds.$$

したがって

$$x(t) = Ce^{\int_a^t p(r)dr} + e^{\int_a^t p(r)dr}\int^t e^{-\int_a^s p(r)dr}q(s)ds$$

を得る. C は任意定数である. これを定数変化法と呼び, この解公式をデュハメル (Duhamel) の公式と呼ぶ (以下の定理 4.5 を参照).

2.6 二階線形微分方程式

詳しくは後に取り扱うが, 方程式に未知関数の二階微分を含む線形方程式を

16　　　　　　　　　2. 基本微分方程式と求積法

二階線形微分方程式と呼ぶ.

$$
\frac{d^2x}{dt^2}(t) + p(t)\frac{dx}{dt}(t) + q(t)x(t) = r(t)
$$

はじめの節でも述べたが, このタイプの方程式は未知関数を増やして正規型に帰着できる. さらに右辺の線形構造から解を求めることがある程度できる. その詳細は後の章にゆずるとして, この形の微分方程式がなぜ重要となるのかを以下の例でみてみる.

例 2.5　ニュートンの運動方程式　運動の第二法則は, 時刻 t における質点の位置を $x(t) : \mathbb{R} \to \mathbb{R}^3$ 質点の質量を m, 質点に働く力を $F(t, x)$ として

$$
m\frac{d^2x}{dt^2} = F(t, x)
$$

で与えられる. 力が重力のみなら $F(t, x) = mg$ (定数) となり, 鉛直方向の単位ベクトルを $e_3 = (0, 0, 1)$ と表して

$$
m\frac{d^2x}{dt^2} = -mge_3
$$

より $x(t) = -\frac{1}{2}gt^2e_3 + x'(0)t + x(0)$ で答えが与えられる. 方程式には 2 回微分が含まれるため 2 回の積分を実行する必要から未定定数が二つ含まれる.

例 2.6　単振動の方程式　単振り子の鉛直方向とのなす角度 $\theta(t)$ を時間に関する未知関数として方程式をたてると, ニュートン方程式から

$$
ml\frac{d^2\theta}{dt^2} = -mg\sin\theta.
$$

これは未知関数 θ についての非線形方程式である. しかし右辺の $\sin\theta$ は θ が十分小さければ $\sin\theta \simeq \theta$ とみなせる. この場合より簡単な

$$
\frac{d^2\theta}{dt^2} = -\frac{g}{l}\theta
$$

を得る. とくに $\omega^2 = g/l$ とおくと

$$
\frac{d^2\theta}{dt^2} = -\omega^2\theta
$$

となり, $\frac{d\theta}{dt} = \phi^{*2)}$ とおくと

———————————

*2)　ギリシャ文字でファイと読む.

$$\begin{cases} \dfrac{d\phi}{dt} = -\omega^2\theta, \\ \dfrac{d\theta}{dt} = \phi \end{cases}$$

という連立の一階線形微分方程式に書きなおせる (このような形になる方程式をハミルトン系と呼ぶ). 上の式に ϕ/ω^2, 下の式に θ をかけて和をとると

$$\frac{1}{2\omega^2}\frac{d}{dt}\phi^2 + \frac{1}{2}\frac{d}{dt}\theta^2 = -\theta\phi + \theta\phi = 0.$$

すなわち

$$\frac{d}{dt}\left\{ \frac{1}{2}\left(\frac{1}{\omega^2}\phi^2 + \theta^2 \right) \right\} = 0.$$

これより $\frac{1}{\omega^2}\phi^2(t) + \theta^2(t) = C$. すると

$$\frac{d\theta^2}{dt} = C - \omega^2\theta^2.$$

とくに

$$\frac{d\theta}{dt} = \pm\sqrt{C - \omega^2\theta^2}.$$

$C = 0$ のときは

$$\frac{d\theta}{dt} = \pm i\omega\theta$$

より $\theta(t) = C_\pm e^{\pm i\omega t}$ を得る. ここで $i = \sqrt{-1}$ は虚数単位である.

例 2.7 *LRC 回路* リアクタンスを L, コンデンサー容量を C, 抵抗値を R としたときのコイル, コンデンサー, 抵抗の直列回路に交流電流を流したときの電流の時間変化を $I(t)$ とおく. 外部 (交流) 電圧を $V(t)$, コンデンサーに蓄積される電荷を $Q(t)$ とすると電圧のつり合いから

$$L\frac{dI}{dt} + RI + \frac{1}{C}Q(t) = V(t)$$

を得る. とくに電荷 $Q(t)$ は電流の積分 $\int^t I(s)ds$ であるので, もう一度微分して

$$L\frac{d^2I}{dt^2} + R\frac{dI}{dt} + \frac{1}{C}I = \frac{d}{dt}V(t)$$

となる. この方程式の解法は後の章にゆずるが, その解は時間変数 t で表せて

$$I(t) = e^{-Rt}\left(a\cos\frac{L}{C}t + b\sin\frac{L}{C}t \right)$$

という関数となり, t が増大すると, その振幅は振動しながら減衰する関数となる (図 2.1). この事実は我々の日常にある身の回りのものに非常に多く見いだ

される．振動する機械系はこの電気回路と等価の動作をすると見なされる．したがって，電気回路の動作も，振動する機械系 (自動車のサスペンションの動作など) も，統一した数学的取り扱いが可能なのである．

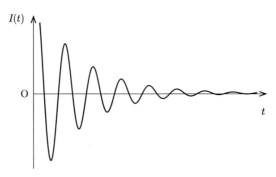

図 2.1 LRC 回路の解のグラフ

2.7 求積できる非線形方程式

前節で述べたような線形方程式に対して，線形性を満たさない方程式を非線形微分方程式と呼ぶ．線形方程式が比較的容易に求積できたのに対して，非線形方程式は一般に求積するのは難しい．ここでは特別に求積できる二つの非線形方程式の例をあげる．

2.7.1 ベルヌーイ型微分方程式

$$\frac{dx}{dt}(t) + p(t)x(t) + q(t)x(t)^n = 0, \quad n \text{ は } 0,1 \text{ をのぞく整数}.$$

ベルヌーイ型 (Bernoulli type) は特別な変換により線形微分方程式に帰着できる．方程式の両辺に $x^{-n}(t)$ をかけると

$$x^{-n}(t)\frac{dx}{dt} + p(t)x^{-n+1}(t) = -q(t).$$

特に

$$-\frac{1}{n-1}\frac{d}{dt}x^{-n+1} + p(t)x^{-n+1}(t) = -q(t)$$

だから $u(t) = x^{1-n}(t)$ とおくと方程式は $u(t)$ について線形方程式

$$\frac{du}{dt} + (1-n)p(t)u = (n-1)q(t)$$

を満たす．これを前述の定数変化法で解いて $x(t)$ を求めることができる．

2.7.2 リッカチ型微分方程式

ベルヌーイ型微分方程式の非斉次型とも呼ぶべき方程式が，リッカチ型 (Riccati type) と呼ばれる次の方程式である．

$$\frac{dx}{dt}(t) + p(t)x(t) + q(t)x^2(t) = r(t)$$

一般に右辺の $r(t)$ のような既知関数を加えた方程式を解くには，特解を探して右辺の $r(t)$ を消去することができれば既知の手法に持ち込める．ここでは方程式が非線形であるから単純に引き去るだけではうまくいかないが，左辺の第三項の次数が 2 であることを利用して右辺を消し去ることが可能である．事実 $z(t)$ が上記のリッカチ型微分方程式の一つの特解とすると

$$\frac{dz}{dt}(t) + p(t)z(t) + q(t)z^2(t) = r(t)$$

であるから

$$\frac{d}{dt}(x-z) + p(t)(x-z) + q(t)(x+z)(x-z) = 0$$

となり $r(t)$ が消え去る．$y(t) = x(t) - z(t)$ とおくと $y(t)$ の満たす方程式は

$$\frac{dy}{dt} + p(t)y + q(t)(y+2z(t))y = 0.$$

すなわち

$$\frac{dy}{dt} + \big(p(t) + 2z(t)\big)y + q(t)y^2 = 0$$

となり $z(t)$ が既知であることから，これはベルヌーイ型とみることができる．

例 2.8 微分方程式

$$\frac{dx}{dt} + (2t-1)x - (t-1)x^2 = t$$

を解け．

この方程式はリッカチ型で $x(t) = 1$ が特解となる．よって $u(t) = x(t) - 1$ とおくと

$$\frac{du}{dt} + (2t-1)u - (t-1)(u^2 + 2u) = 0.$$

すなわち

$$\frac{du}{dt} + u - (t-1)u^2 = 0.$$

ベルヌーイ型の解法をまねて u^2 で両辺を割って

$$u^{-2}\frac{du}{dt} + u^{-1} = t-1.$$

ここで $v(t) = u^{-1}(t)$ とおくと，v についての線形方程式と見なせるから

$$\frac{dv}{dt} - v = 1-t$$

から

$$v(t) = Ce^t + \int^t e^{t-s}(1-s)ds = Ce^t + t.$$

すなわち

$$u(t) = \frac{1}{Ce^t + t}.$$

よって

$$x(t) = u(t) + 1 = \frac{1}{Ce^t + t} + 1.$$

演 習 問 題

2.1 次の微分方程式の一般解を求めよ．

(1) $\dfrac{dx}{dt} - tx = t.$

(2) $\dfrac{dx}{dt} = \dfrac{x-2t}{t-2x}.$

(3) $\dfrac{dx}{dt} = (t-x)^2.$

(4) $\dfrac{dx}{dt} + x = e^t.$

(5) $\dfrac{dx}{dt} = \tan^2(x+t).$

2.2 次の微分方程式について以下の問いに答えよ．

$$\frac{dx}{dt} - \frac{x}{2} = -\frac{\sin t}{x}.$$

(1) この方程式は何形か？

(2) この方程式から線形方程式を導け．

(3) $x \geq 0$ なる解を求めthat存在するための定数に対する条件を述べよ．

演 習 問 題　　　　　21

2.3　次の微分方程式について以下の問いに答えよ.
$$\frac{dx}{dt} = (1+t) + (2t-1)x - 2x^2.$$

(1)　この方程式の特解の一つが $x(t) = at$ (a は定数) の形となるとしてそれを求めよ.

(2)　この方程式の一般解を求めよ.

2.4　次の微分方程式の初期値問題を解け.
$$\begin{cases} \dfrac{dx}{dt} = x^2 \cos t, \\ x\left(\dfrac{\pi}{2}\right) = 1. \end{cases}$$

$$\begin{cases} \dfrac{dx}{dt} = \dfrac{3t^2 x}{1+t^3}, \\ x(1) = 2. \end{cases}$$

第3章

微分方程式の解の存在理論

前章で求積できる微分方程式の分類を行ったが，果たして，そこで求めた解ですべての解を求めたことになるのであろうか？ この疑問に答えるには微分方程式の解に対する理論的かつ統一的な考察が必要である．そもそも求積できる方程式は非常に限られている．容易に求積できない微分方程式に関して，何らかの解に関する情報を得ることができるかどうかは，現実に計算機を用いて解を数値的に求める場合などにおいてたいへん重要である．ここでは微分方程式の解の存在と一意性を，理論的かつ構成的に保証することを目標とする．この理論によれば，前節で得られた求積法による解が唯一の解であることがわかることになる．

3.1　正規型微分方程式の初期値問題

一般に微分方程式とは未知関数 $x(t)$ の微分を含む方程式のことをいう．いま $x(t)$ を変数 $t > 0$ に対する ($\mathbb{R}^n$ に値を取るベクトル値) の未知関数とする．すなわち成分で表せば

$$x(t) = (x_1(t), x_2(t), \cdots, x_n(t)).$$

さて方程式が与えられた関数 $f(t, x) : \mathbb{R} \times \mathbb{R}^n \to \mathbb{R}^n$ に対して

$$\frac{dx}{dt} = f(t, x(t))$$

と表せるとき，この形の微分方程式を正規型と呼んだ．いまの場合，方程式の両辺はベクトル値 ($\mathbb{R}^n$ のベクトル) であることに注意する．

さて正規型微分方程式には一階微分が含まれているので，一般に一つ付加条件を課さないと積分定数が定まらない．そこで $t = 0$ のときの $x(t)$ の値を与えて解を求めることを考える．

$$
\begin{cases}
\dfrac{dx}{dt} = f(t, x(t)), \quad t \in I = (0, T), \\
x(0) = a \in \mathbb{R}^n.
\end{cases}
\tag{3.1}
$$

このような問題を初期値問題と呼び，$t = 0$ で課した付加条件 $x(0) = a$ を初期条件という．

$x(t)$ が初期値問題 (3.1) の解であるとは，

(1) $x(t)$ が $(0, T)$ で微分可能 [*1)] かつ

(2) $x(t)$ が (3.1) を満たす

ときをいう．前節で述べた求積できる微分方程式の例，変数分離型，線形微分方程式，ベルヌーイの微分方程式，リッカチの微分方程式などはすべて正規型微分方程式である．

問題 3.1 質量 m の質点 a を時刻 $t = 0$ で鉛直真上に速度 v_0 で投げ上げる．時刻 t のときに質点 a の鉛直方向の位置を $x(t)$ として，$x(t)$ の満たす運動方程式をたてて $x(t)$ を求めよ．ただし，$t = 0$ のときの投げ上げた地点を $x = 0$ とする．

　正規型の微分方程式の初期値問題が，初期値を一つ定めるごとにただ一つの解をもつことを保証したい．もしそれが成り立つならば，前章で求積法によって求めた，解に適当な初期条件を課せば，その解が唯一のものとなる．このことが一般の与えられた関数 $f(t, x)$ に対して成立するならば非常によいのであるが，残念ながら一般的にはそれは成立しない．そこで $f(t, x)$ にある条件を仮定して，このことを示す．

3.2　リプシッツ連続性と一様収束

　正規型微分方程式の解の存在を保証するうえで，もっとも基本的な概念——リプシッツ連続関数——を導入する．

　Ω を $\mathbb{R}^n$ の領域とする．領域とはその集合が開集合でかつ連結であるときをいう．ここで，開集合とは境界を含まない内点のみの集合のことである．また

[*1)]　$t = 0$ で微分方程式を満たすかどうかを，解の定義に含めるかどうかは微妙な問題である．含める場合には解 $x = x(t)$ の $t = 0$ における右微分や，右辺の関数 $f(t, x)$ の $t \searrow 0$ の右極限を考えることになるが，それらが一致していなくても，ここでは解として認める立場をとる．

連結集合とはつながっているという概念の拡張である [*2]. また時間変数 t の取りうる範囲として開区間 $I = (0, T)$ と閉区間 $\bar{I} = [0, T]$ を考える. ここで $T > 0$ は考える時間の最大値を表すことになる.

定義 Ω を $\mathbb{R}^n$ の領域として $I = (0, T)$ を時間変数の取りうる区間とする. 関数 $f(t, x) : \mathbb{R} \times \mathbb{R}^n \to \mathbb{R}^n$ が $x \in \Omega$ について (t については一様に) リプシッツ連続 (Lipschitz continuity) であるとは, t や x, y に依存しないある定数 $L > 0$ が存在して任意の $x, y \in \Omega$ と $t \in \bar{I}$ に対して

$$|f(t, x) - f(t, y)| \leq L|x - y|$$

が成り立っているときをいう. このとき定数 $L > 0$ は Ω と $\bar{I}$ には依存してもよい. 特に L をリプシッツ定数と呼ぶことがある. ここで $|\cdot|$ は $\mathbb{R}^n$ におけるユークリッドの距離, すなわち $x = (x_1, x_2, \cdots, x_n)$ に対してピタゴラスの定理によって計算される原点からの距離 $|x| = \sqrt{x_1^2 + x_2^2 + \cdots + x_n^2}$ である.

すぐにわかることは「リプシッツ連続関数ならば連続関数 [*3]」ということである.

例 3.1 $f(t, x) = tx^2$ は $t \in [0, 1]$, $x \in (-1, 1)$ 上でリプシッツ連続である. なぜならば

$$\frac{\partial f}{\partial x} = 2tx$$

より平均値の定理からある $\theta \in (0, 1)$ に対して, $z = (1 - \theta)x + \theta y$ とおけば,

$$\begin{aligned}
|f(t, x) - f(t, y)| &= \left| \frac{\partial f}{\partial x}(t, z)(x - y) \right| \\
&\leq \max_{(t, z) \in \bar{I} \times [-1, 1]} |2tz||x - y| \\
&\leq 2|x - y|.
\end{aligned}$$

よって f はリプシッツ定数 $L = 2$ のリプシッツ連続関数である.

例 3.2 区間 $[0, 1]$ 上でリプシッツ連続でない例. $y = \sqrt{x}$ は $x = 0$ でリプシッツ連続にはならない. もしリプシッツ連続ならばある定数 $L > 0$ が存在して

$$|\sqrt{x} - 0| \leq L|x - 0|, \quad \forall x \in [0, 1].$$

[*2]　集合と位相の初等的な教科書であればどの教科書にも説明されている.

[*3]　定義については, たとえば浦川肇『微積分の基礎』(朝倉書店, 2006) p. 19〜21 を参照.

すなわち

$$\sqrt{x} \le L|x|, \quad \forall x \in [0,1]$$

となるはずである. 両辺を $|x|$ で割って,

$$\frac{\sqrt{x}}{|x|} = \frac{1}{\sqrt{x}} \le L.$$

これでは $x \to 0$ のとき不合理を生じる. よってこのような定数 L は存在しない.

上の例から推測できるように, リプシッツ定数 L のリプシッツ連続関数がもし微分できればその導関数の値 $\frac{\partial f}{\partial x}$ は L を越えない. したがって, $\frac{\partial f}{\partial x} \to \infty$ となるような関数はリプシッツ連続にはならない.

定義 $I = (a,b)$ とする. I 上で定義された関数列 $\{f_n(t)\}_{n=1}^{\infty}$ がその極限 $f(t)$ に I 上で**一様収束**するとは, 任意の $\varepsilon > 0$ に対してある自然数 $\exists N \in \mathbb{N}$ が存在して, それより大きい任意の自然数 $\forall n \ge N$ に対して

$$|f_n(t) - f(t)| < \varepsilon, \quad \forall t \in I$$

とできるときをいう.

この定義において重要なことは, ε に応じて選んだ自然数 N が, $t \in I$ の値に依存せずに選べるということである.

例 3.3 $\displaystyle\sum_{k=0}^{n} \frac{1}{k!} x^k$ は $n \to \infty$ のとき区間 $(-1/2, 1/2)$ 上で e^x に一様収束する.

問題 3.2 上の定義の一様収束と普通の収束の定義の違いを吟味せよ.

例 3.4

$$f_n(t) = \begin{cases} t^n, & t \in (0,1), \\ 1, & t \in [1,2) \end{cases}$$

とおくと $f_n(t)$ は各 n について $(0,2)$ 上で連続関数であり, かつ

$$f(t) = \begin{cases} 0, & t \in (0,1), \\ 1, & t \in [1,2) \end{cases}$$

として $f_n(t) \to f(t)$ であるがこの収束は一様収束ではない. この例では極限関数は不連続関数となりうる.

これらの例のように一様収束とは関数列の収束を述べる際に, その収束のスピードが変数 t によらずに一様となっている場合を表している. 例 3.4 のよう

に収束のスピードが変数によってまったく異なる場合には一様収束するとはいえない.

次の定理は，連続関数列の一様収束極限にかかわる重要なものである.

定理 3.1 区間 $I = (a, b)$ 上で与えられた関数列 $\{f_n(t)\}_{n=1}^{\infty}$ が，各 n について I 上で連続であって，かつある極限 $f(t)$ に一様収束するとき，その極限関数 $f(t)$ は I 上で連続である.

(定理 **3.1** の証明) 任意の $\varepsilon > 0$ に対して N を十分大きく取って $n \geq N$ に対して

$$|f_n(t) - f(t)| < \varepsilon/3, \quad t \in I.$$

次にその n に対して $\delta > 0$ をとって $|t - s| < \delta$ ならば

$$|f_n(t) - f_n(s)| < \varepsilon/3$$

とできる．すると同じ t, s に対して

$$|f(t) - f(s)| \leq |f(t) - f_n(t)| + |f_n(t) - f_n(s)| + |f_n(s) - f(s)|$$
$$\leq \varepsilon/3 + \varepsilon/3 + \varepsilon/3$$
$$= \varepsilon$$

となり f は連続であることがわかる． $\square$

定義 実数の数列 $\{a_n\}_{n=1}^{\infty}$ がコーシー列 (the Cauchy sequence) であるとは，任意の $\varepsilon > 0$ に対して，ある番号 (自然数) N が決まり，それより大きい任意の二つの自然数 $n, m \geq N$ に対して

$$|a_n - a_m| < \varepsilon$$

が成り立つようにできるときをいう.

$\{a_n\}_{n=1}^{\infty}$ がコーシー列であるとき，その数列は $n \to \infty$ により互いの値の差が縮んでいくような数列である．実数の数列がコーシー列であるならば，それは必ず収束する．これは実数の定義に近い事柄である．コーシー列が収束するような数の集合は完備であると呼ばれる．したがって実数は完備である．同様に複素数は完備である．しかし有理数全体の集合は完備ではない．たとえば $\sqrt{2}$ を小数表示して，小数点以下 n 位で打ち切った数列を考える.

$$1.4,\ 1.41,\ 1.414,\ 1.4142,\ 1.41421, \cdots$$

この数列は各項が有理数であるが，その極限は $\sqrt{2}$ であって，有理数ではない．

問題 3.3　上で与えた数列がコーシー列であることを示せ．

3.3　ピカールの逐次近似法

いよいよ正規形微分方程式の解の存在定理と一意性を述べる．以下 $I = (0, T)$ を時間変数のとる開区間，$\bar{I} = [0, T]$ を閉区間とおく．以下の定理は微分方程式の理論においてもっとも基本的な定理で，コーシー–リプシッツの定理，あるいはピカールの逐次近似定理と呼ばれる．

定理 3.2　(Cauchy, Lipschitz, Picard)　$t \in \bar{I} = [0, T]$ $x \in \Omega$ とする．与えられた関数 $f(t, x) : \mathbb{R} \times \mathbb{R}^n \to \mathbb{R}^n$ が

(1) x に依存する定数 $M(x) > 0$ が存在して

$$|f(t, x)| \leq M(x).$$

(2) x について (t については一様に) リプシッツ連続すなわち t と x に依存しない定数 $L > 0$ が存在して

$$|f(t, x) - f(t, y)| \leq L|x - y|, \quad x, y \in \Omega$$

を満たすとする．

このとき正規型微分方程式の初期値問題

$$\begin{cases} \dfrac{dx}{dt} = f(t, x(t)), & t \in I = (0, T), \\ x(0) = x_0 \in \mathbb{R}^n \end{cases} \tag{3.2}$$

の解 $x(t)$ が一意的に存在する．

定理 3.2 は解が存在してかつ一つだけということを保証する定理である．ここで解がただ一つであるとは，初期値 x_0 が定まるごとにという意味であるから，初期値が定まっていなければ一般に一意性は保証されない．

(**定理 3.2 の証明**)　証明はいわゆるピカールの逐次近似法による．

まず解が存在することを示す．$t \in [0, T]$ に対して関数列 $\{x_n(t)\}_{n=0}^{\infty}$ を以下

で定義する.

$$\begin{cases} x_0(t) = x_0, \\ x_{n+1}(t) = x_0 + \displaystyle\int_0^t f(\tau, x_n(\tau))d\tau. \end{cases}$$

この関数列が求める解に収束することを示す. このように真の解に収束するような関数の列を近似解と呼ぶ. $x_{n+1}(t)$ に関する漸化式と $x_n(t)$ に対する漸化式を辺々引き去ると

$$x_{n+1}(t) - x_n(t) = x_0 + \int_0^t f(\tau, x_n(\tau))d\tau - x_0 - \int_0^t f(\tau, x_{n-1}(\tau))d\tau$$
$$= \int_0^t (f(\tau, x_n(\tau)) - f(\tau, x_{n-1}(\tau)))d\tau.$$

よって定理の仮定 (2) のリプシッツ連続性を用いると

$$|x_{n+1}(t) - x_n(t)| \le \int_0^t |f(\tau, x_n(\tau)) - f(\tau, x_{n-1}(\tau))|d\tau$$
$$\le L \int_0^t |x_n(\tau) - x_{n-1}(\tau)|d\tau.$$

いま, 仮定 (1) より x_0 に依存する定数 $M > 0$ があって

$$|x_1(t) - x_0(t)| \le \int_0^t |f(\tau, x_0)|d\tau \le \sup_{t \in I} |f(\tau, x_0)|t \le M(x_0)t$$

なので

$$|x_2(t) - x_1(t)| \le L \int_0^t |x_1(\tau) - x_0(\tau)|d\tau \le LM \int_0^t \tau d\tau = M\frac{L}{2}t^2.$$

その次はこれを代入して

$$|x_3(t) - x_2(t)| \le L \int_0^t |x_2(\tau) - x_1(\tau)|d\tau \le L \int_0^t M\frac{L}{2}\tau^2 d\tau = M\frac{L^2}{2 \cdot 3}t^3.$$

以下帰納的に順次これを繰り返して

$$|x_{n+1}(t) - x_n(t)| \le LM \int_0^t \frac{L^{n-1}\tau^n}{n!}d\tau$$
$$\le ML^n \frac{t^{n+1}}{(n+1)!}, \quad n = 1, 2, \cdots \tag{3.3}$$

を得る. そこで $m, n \in \mathbb{N}$, $m > n$ に対して

$$|x_m(t) - x_n(t)| \le |x_m(t) - x_{m-1}(t)| + |x_{m-1}(t) - x_{m-2}(t)|$$
$$+ |x_{m-2}(t) - x_{m-3}(t)| + \cdots + |x_{n+1}(t) - x_n(t)|$$

（ここで各項に対して式 (3.3) を用いて）

$$\leq \frac{M}{L} \sum_{k=n+1}^{m} \frac{L^k t^k}{k!}$$

(和を無限項に増やして)

$$\leq \frac{M}{L} \sum_{k=n+1}^{\infty} \frac{L^k t^k}{k!}$$

(はじめの項を一つ増やして $0 < t < T$ より)

$$\leq \frac{M}{L} \sum_{k=n}^{\infty} \frac{L^k T^k}{k!}. \tag{3.4}$$

このとき右辺は

$$\frac{M}{L} \sum_{k=n}^{\infty} \frac{L^k T^k}{k!} \leq \frac{M}{L} \sum_{k=0}^{\infty} \frac{L^k T^k}{k!} = \frac{M}{L} e^{LT}$$

であるから収束級数であって，それゆえ特に，任意の $\varepsilon > 0$ に対してある自然数 N が存在して

$$\sum_{k=N}^{\infty} \frac{L^k T^k}{k!} < \frac{L}{M} \varepsilon$$

とできる．すなわち (3.4) より $m, n > N$ に対しては

$$|x_m(t) - x_n(t)| < \varepsilon$$

とできる．これは $\{x_n(t)\}_{n=0}^{\infty}$ がコーシー列であることを示している．

実数の完備性から各 $t \in [0, T]$ に対して $x_n(t)$ の収束先が確定し，それを t の関数として $x(t)$ と書くことにすると，$m > n$ に対して (3.4) より

$$|x_n(t) - x(t)| \leq |x_n(t) - x_m(t)| + |x_m(t) - x(t)|$$

$$\leq \frac{M}{L} \sum_{k=n}^{\infty} \frac{L^k T^k}{k!} + |x_m(t) - x(t)|.$$

ここで任意の $\varepsilon > 0$ に対して t を止めるたびに $m > N$ を十分に大きく取れば

$$|x_m(t) - x(t)| < \varepsilon$$

とできる．ここで m は各 t に依存していることに注意する．このとき

$$|x_n(t) - x(t)| \leq \frac{M}{L} \sum_{k=n}^{\infty} \frac{L^k T^k}{k!} + \varepsilon.$$

そこで n を十分大きく選べば，今度は t について一様に

$$|x_n(t) - x(t)| < 2\varepsilon$$

とできる．この際 n の取り方は t には依存しないことに注意する．すなわち関

数列 $\{x_n(t)\}_{n=0}^{\infty}$ はその極限 $x(t)$ に区間 I 上で一様収束することがわかったので，定理 3.1 により $x(t)$ は I 上，連続関数であり，さらに

$$x_{n+1}(t) = x_0 + \int_0^t f(\tau, x_n(\tau))d\tau$$

において $n \to \infty$ とすれば

(イ) 左辺は $x(t)$ に一様に収束し

(ロ) $f(\tau, x)$ の x についての連続性 (リプシッツ連続性) から $\displaystyle\lim_{n\to\infty} f(\tau, x_n(t)) = f(\tau, x(t))$ が t について一様にいえ，

(ハ) さらに $f(\tau, x_n(t))$ の $n \to \infty$ の極限が区間 I 上で一様収束するから右辺の積分と極限は交換可能である.

すなわち

$$x(t) = \lim_{n\to\infty} x_n(t) = x_0 + \int_0^t \lim_{n\to\infty} f(\tau, x_n(\tau))d\tau = x_0 + \int_0^t f(\tau, x(\tau))d\tau.$$

よって $x(t)$ は積分で表せるので微分可能となり

$$\begin{cases} \dfrac{dx}{dt} = f(t, x(t)), \\ x(0) = x_0 \end{cases}$$

を満たす. $\qquad\qquad\qquad\qquad\qquad\qquad\qquad\qquad\qquad\qquad\qquad$ □

問題 3.4 リプシッツ連続性 $f(t,x) = 2tx$ を $t \in [0,1]$ で考える. $f(t,x)$ が x についてリプシッツ連続であることを示し，そのリプシッツ定数 L を求めよ.

問題 3.5 ピカールの逐次近似 閉区間 $I = [0,1]$ 上で次の微分方程式を考えて以下の問いに答えよ.

$$\begin{cases} \dfrac{dx}{dt} = 2tx, \\ x(0) = 1. \end{cases}$$

(1) ピカールの逐次近似法 (定理 3.2) にしたがい近似関数列 $\{x_n(t)\}_{n=0}^{\infty}$ を以下で定義する.

$$\begin{cases} x_{n+1}(t) = 1 + \int_0^t 2s x_n(s)ds, \\ x_1(t) = 1. \end{cases}$$

ただし $x(0) = 1$ である. このとき $x_2(t), x_3(t)$ を求めよ.

(2) 上から $\{x_n(t)\}_{n=0}^{\infty}$ を推定せよ.

(3) 求積法により上の微分方程式の解を求めよ.

(4) (3) より $\{x_n(t)\}_{n=0}^{\infty}$ の極限を推定し実際にその極限に I 上一様収束することを示せ.

3.4 グロンウォールの補題と一意性

解の一意性を示すには次の補題が必要である. これを微分不等式に関するグロンウォールの補題と呼ぶ.

補題 3.3 (Gronwall) $t \in I = (0, T)$ 上で微分可能な関数 $f(t)$ と $A > 0$ $B \geq 0$ なる定数について

$$\begin{cases} \dfrac{df(t)}{dt} \leq Af(t) + B, & t \in I = (0, T), \\ f(t) \geq 0 \end{cases}$$

が成り立つとする. このとき

$$f(t) \leq \left(f(0) + \frac{B}{A} \right) e^{At}, \quad t \in [0, T]$$

が成り立つ.

(補題 3.3 の証明)

$$\frac{df(t)}{dt} - Af(t) \leq B$$

の両辺に e^{-At} をかけて

$$\frac{d}{dt}(e^{-At} f(t)) \leq Be^{-At}.$$

よって $[0, t]$ で積分すると

$$f(t) \leq e^{At} f(0) + \frac{B}{A}(e^{At} - 1) \leq e^{At} \left(f(0) + \frac{B}{A} \right).$$

$\square$

(定理 3.2 の一意性の証明) 同じ初期条件に対する (3.2) の解が二つあったとして, それらをそれぞれ $x(t)$, $y(t)$ とおく. $x(t)$ と $y(t)$ は (3.2) を満たすので, その差 $x(t) - y(t)$ は

$$\frac{d}{dt}(x(t) - y(t)) = f(t, x(t)) - f(t, y(t))$$

を満たす. 両辺に $x(t) - y(t)$ をかけて $f(t,x)$ のリプシッツ条件を用いると

$$\frac{1}{2}\frac{d}{dt}|x(t)-y(t)|^2 = \{f(t,x(t))-f(t,y(t))\}(x(t)-y(t))$$
$$\leq L|x(t)-y(t)|^2.$$

したがって補題 3.3 を $A = 2L$, $B = 0$, $f(t) = |x(t)-y(t)|^2$ として適用すると

$$|x(t)-y(t)|^2 \leq e^{2Lt}|x(0)-y(0)|^2 = 0$$

より $x(t) \equiv y(t)$ である. $\square$

問題 3.6 t の関数 $x(t)$ が微分不等式

$$\begin{cases} \dfrac{dx(t)}{dt} + x(t) \leq 0, \quad t > 0, \\ x(t) \geq 0 \end{cases}$$

を満たすとする. このとき $t \to \infty$ で $x(t) \to 0$ となることを証明せよ.

演 習 問 題

3.1 次の各問に答えよ.

(1) $f(t,x) = \sin x$ は $x \in (-\infty, \infty)$ 上でリプシッツ連続関数であることを示せ.

(2) $f(t,x) = \sqrt{(t+2)|x|}$ を $t \in [0,T]$, $x \in B_1 = \{x \in \mathbb{R}^n; |x| < 1\}$ 上で考えたとき, $f(t,x)$ が x について $[0,T]$ 上でリプシッツ連続にならないことを示せ.

3.2 微分不等式

$$\begin{cases} \dfrac{dx(t)}{dt} \leq x(t) + 1, \\ x(0) = 2, \quad x(t) \geq 0 \end{cases}$$

を満たす関数 $x(t)$ は $[0,\infty)$ 上で $x(t) \leq 3e^t - 1$ を満たすことを示せ.

3.3 (グロンウォールの不等式一般形) $x(t), p(t), q(t)$ は区間 $\bar{I} = [a,b]$ 上で定義された連続関数で特に $p(t) \geq 0$ とする. $x(t)$ が

$$x(t) \leq q(t) + \int_0^t p(s)x(s)ds$$

を満たすとき

$$x(t) \leq q(t) + e^{\int_a^t p(s)ds}\int_0^t e^{-\int_a^s p(r)dr}p(s)q(s)ds$$

が成り立つことを証明せよ.

演 習 問 題　　　　　　　　33

3.4　(南雲-ペロンの定理)　閉区間 $I = [t_0, T]$ に対して $I \times \mathbb{R}^n$ 上で定義された連続
関数 $f(t, x)$ が次の条件を満たすとする.
$$|f(t, x) - f(t, y)| \leq \frac{|x - y|}{t - t_0}.$$
このとき微分方程式
$$\begin{cases} \dfrac{dx}{dt} = f(t, x(t)), \\ x(t_0) = x_0 \end{cases}$$
の解が I 上で一意的であることを証明せよ.

第4章
線形微分方程式

CHAPTER 4

線形性とは重ね合わせの原理が成り立つことである．$L(x)$ が変数 x について線形であるとは a, b をスカラーとして

$$L(ax + by) = aL(x) + bL(y)$$

が成り立つことである．x が n 次元ベクトル空間の元のときには基底により線形写像 $L(x)$ は具体的に決定され，基底に依存した行列で表現される．微分するということは線形の作用なので，高階の微分を含む方程式で係数が微分するパラメータに依存しないものは線形方程式であるといえる．すなわち

$$\frac{d^k}{dt^k}(ax(t) + by(t)) = a\frac{d^k}{dt^k}x(t) + b\frac{d^k}{dt^k}y(t), \quad k = 1, 2, \cdots.$$

以下ではまず高階の線形微分方程式を概観し，その後，連立一階微分方程式の理論として統一して述べる．

4.1 高階線形微分方程式

n を自然数として次の形の微分方程式を n 階線形微分方程式という．

$$L(t)x \equiv \frac{d^n x}{dt^n} + p_1(t)\frac{d^{n-1}x}{dt^{n-1}} + p_2(t)\frac{d^{n-2}x}{dt^{n-2}} + \cdots + p_n(t)x = q(t). \quad (4.1)$$

ここで $p_i(t)$ $(i = 1, 2, \cdots, n)$ と $q(t)$ は与えられた関数である．方程式 (4.1) は n 階までの微分を含むので，その解を求めるには少なくとも n 回積分する必要がある．このとき n 個の未定定数が現れる．それらを決定するには，n 個の条件が必要である．パラメータ t を時間と見なして $t = 0$ のときの値を与えることを考える．

$$x(0) = x_1, \quad x'(0) = x_2, \quad x''(0) = x_3 \quad \cdots, \quad x^{(n-1)}(0) = x_n. \quad (4.2)$$

これを初期条件という．微分方程式の解の存在と一意性定理 (定理 3.2) から次

のことがわかる.

定理 4.1 与えられた関数 $p_i(t)$ $(i = 1, 2, \cdots, n)$ と $q(t)$ が区間 $\bar{I} = [0, T]$ で連続であると仮定する. このとき微分方程式の初期値問題

$$\begin{cases} \dfrac{d^n x}{dt^n} + p_1(t)\dfrac{d^{n-1}x}{dt^{n-1}} + p_2(t)\dfrac{d^{n-2}x}{dt^{n-2}} + \cdots + p_n(t)x = q(t), \\ x(0) = x_1, \quad x'(0) = x_2, \quad x''(0) = x_3, \quad \cdots, \quad x^{(n-1)}(0) = x_n \end{cases}$$

の解 $x(t)$ が I 上で存在して一意である.

定理 4.1 は後の定理の特別な場合として証明できるので, ここではこの定理を認めることにする.

以下の話で係数関数 $p_i(t)$ $(i = 1, 2, \cdots, n)$ と $q(t)$ は連続であると仮定する (したがって定理 4.1 を認めれば式 (4.1)-(4.2) の解の存在と一意性は保証されることになる).

4.2 線形微分方程式の性質

前節の $L(t)$ に対して

$$L(t)x(t) = 0, \tag{4.3}$$

$$L(t)x(t) = q(t) \tag{4.4}$$

の二つの方程式を考える. 前者を斉次 (高階) 線形微分方程式, 後者を非斉次 (高階) 線形微分方程式と呼ぶ. これらの方程式について以下の事実がわかる.

(1) まず $\{x_1(t), x_2(t)\}$ が斉次方程式 (4.3) を満たすならば, a, b を任意の定数として $ax_1(t) + bx_2(t)$ も斉次方程式を満たす解となる.

(2) もし $x(t)$ が斉次方程式 (4.3) を満たし $\eta(t)$ が非斉次方程式 (4.4) を満たすならば, a を任意の定数として $ax(t) + \eta(t)$ は非斉次方程式 (4.4) を満たす.

問題 4.1 上の (1), (2) を確かめよ.

注意 1 $\{x_1(t), x_2(t)\}$ が斉次方程式 (4.3) を満たすとは, 方程式 $L(t)x(t) = 0$ を満たすということで初期値はそれぞれ異なる (さもないと定理 4.1 の一意性の結果に反する). したがってここで解といっているのは初期値はそれぞれ異な

るものの解という意味である.

注意 2 (2) の非斉次方程式の方の $\eta(t)$ の前には未定の定数をかけてはいけない.

そこでまず斉次線形微分方程式について考える.

命題 4.2 (1) $L(t)x(t) = 0$ を満たす n 個の 1 次独立な関数 $\{u_1(t), u_2(t), \cdots, u_n(t)\}$ が存在する.

(2) $L(t)x(t) = 0$ と任意の初期値を満たす初期値問題の解 $x(t)$ は (1) の 1 次独立な解 $\{u_1(t), u_2(t), \cdots, u_n(t)\}$ の 1 次結合で表せる.

(命題 4.2 の証明)

(1) 解の組 $\{u_1(t), u_2(t), \cdots, u_n(t)\}$ を次のように構成する.

$$\begin{cases} L(t)x(t) = 0 \\ x(0) = 1, \quad x'(0) = 0, \quad x''(0) = 0, \quad \cdots, \quad x^{(n-1)}(0) = 0 \end{cases}$$

の解を $u_1(t)$,

$$\begin{cases} L(t)x(t) = 0 \\ x(0) = 0, \quad x'(0) = 1, \quad x''(0) = 0, \quad \cdots, \quad x^{(n-1)}(0) = 0 \end{cases}$$

の解を $u_2(t)$,

$$\begin{cases} L(t)x(t) = 0 \\ x(0) = 0, \quad x'(0) = 0, \quad x''(0) = 1, \quad \cdots, \quad x^{(n-1)}(0) = 0 \end{cases}$$

の解を $u_3(t)$, $\cdots$

このように第 k 階微分の初期値が 1 となり残りの初期値が 0 となるように解を定める. このような解は定理 4.1 により存在して一意的である.

次に $\{u_1(t), u_2(t), \cdots, u_n(t)\}$ が一次独立であることを示す. 定数 $\{a_1, a_2, \ldots, a_n\}$ に対して

$$a_1 u_1(t) + a_2 u_2(t) + a_3 u_3(t) + \cdots + a_n u_n(t) = 0 \tag{4.5}$$

が成り立つとすると $t = 0$ に対しては第 2 項目以下はすべて 0 (そうなるように初期値をとった) なので $a_1 = 0$. 次に (4.5) を一階微分してから $t = 0$ を代入すると

$$a_2 u_2'(0) + a_3 u_3'(0) + \cdots + a_n u_n'(0) = 0.$$

またまた第二項目以下は 0 ゆえ $a_2 = 0$. こうした操作を順次繰り返せば, 順にすべての $i = 1, 2, \cdots, n$ に対して, $a_i = 0$ が示せる. すなわち順次条件式 (4.5) を微分していき, $t = 0$ を代入すればよい. これは $\{u_1(t), u_2(t), \cdots, u_n(t)\}$ が 1 次独立であることを示している.

(2) 任意の解 $x(t)$ の初期値を $\{a_1, a_2, \cdots, a_n\}$ とすると

$$x(t) = a_1 u_1(t) + a_2 u_2(t) + \cdots + a_n u_n(t)$$

となる. 実際上の式の右辺は初期値 $\{a_1, a_2, \cdots, a_n\}$ の方程式の解となっていることは直接確かめられる. 解の一意性よりこれは $x(t)$ と一致しなければならない. □

定義 方程式 $L(t)x = 0$ の n 個の 1 次独立な解の組 $\{x_1(t), x_2(t), \cdots, x_n(t)\}$ を基本解あるいは基本解系という.

上記の命題 4.2 で構成した $\{u_1(t), u_2(t), \cdots, u_n(t)\}$ 以外にも基本解系は存在するが, それらに対しても命題 4.2 の (ii) は成立する.

命題 4.2 の利点は斉次方程式の解を求めるにはその基本解 (系) を求めれば十分であるという点にある.

4.3 定数係数斉次高階微分方程式の解法 (特性方程式の方法)

前節でみたように高階斉次方程式を解くにはその基本解 (系) を探し出せばよい. それを探すのは一般の場合やや困難であるが係数関数 $p_i(t)$ が定数となる場合は比較的やさしい. よってモデルケースとして

$$Lx \equiv \frac{d^n x}{dt^n} + a_1 \frac{d^{n-1} x}{dt^{n-1}} + a_2 \frac{d^{n-2} x}{dt^{n-2}} + \cdots + a_n x = 0 \tag{4.6}$$

を考える. $\{a_1, a_2, \cdots, a_n\}$ は定数である. もっともやさしい一階の線形微分方程式

$$\frac{dx}{dt} + ax = 0$$

は変数分離型でたちまち $x(t) = Ce^{-at}$ と解が求められた. いま, 試みに $x(t) = e^{\lambda t}$ を式 (4.6) に代入してみると

$$Le^{\lambda t} \equiv \frac{d^n}{dt^n} e^{\lambda t} + a_1 \frac{d^{n-1}}{dt^{n-1}} e^{\lambda t} + \cdots + a_n e^{\lambda t}$$

$$= (\lambda^n + a_1\lambda^{n-1} + a_2\lambda^{n-2} + \cdots + a_n)e^{\lambda t} = 0$$

を得る．したがって

$$\lambda^n + a_1\lambda^{n-1} + a_2\lambda^{n-2} + \cdots + a_n = 0$$

であればよさそうである．

定義　方程式

$$Lx \equiv \frac{d^n x}{dt^n} + a_1\frac{d^{n-1}x}{dt^{n-1}} + a_2\frac{d^{n-2}x}{dt^{n-2}} + \cdots + a_nx = 0$$

に対して多項式 $P(\lambda) = \lambda^n + a_1\lambda^{n-1} + \cdots + a_n$ をその**特性多項式**と呼び，$P(\lambda) = 0$ を**特性方程式**，その根を**特性根**と呼ぶ．

上記で述べたことは以下のようにまとめることができる．

命題 4.3　$P(\lambda) = 0$ を微分方程式 $Lx = 0$ の特性方程式，$\{\lambda_1, \lambda_2, \cdots, \lambda_n\}$ をその特性根とするとき $\{e^{\lambda_1 t}, e^{\lambda_2 t}, \cdots, e^{\lambda_n t}\}$ は $Lx = 0$ を満たす．

これらの関数の組が一次独立であるかどうか，あるいはもっと一般に与えられた解の組が一次独立かどうか，すなわち基本解 (系) となるかについては以下が役に立つ．

定義　方程式 $L(t)x = 0$ を満たす関数の組 $\{u_1(t), u_2(t), \cdots, u_n(t)\}$ に対して

$$X(t) = \begin{pmatrix} u_1(t) & u_2(t) & \cdots & u_n(t) \\ u_1'(t) & u_2'(t) & \cdots & u_n'(t) \\ \vdots & \vdots & \cdots & \vdots \\ u_1^{(n-1)}(t) & u_2^{(n-1)}(t) & \cdots & u_n^{(n-1)}(t) \end{pmatrix}$$

を $\{u_1(t), u_2(t), \cdots, u_n(t)\}$ に対する**ロンスキー行列** (Wronski matrix) と呼び，その行列式 $\det X(t)$ を**ロンスキアン** (Wronskian) と呼び $W(t)$ と書く．

命題 4.4　方程式 $Lx = 0$ を満たす関数の組 $\{u_1(t), u_2(t), \cdots, u_n(t)\}$ が一次独立である (すなわち基本解 (系) となる) ための必要十分条件はそのロンスキアン $W(t) \neq 0$ である．

この命題も次章の命題 5.4 の特殊な場合に相当するので証明は述べない．

問題 4.2 微分方程式

$$x'' + 3x' + 2x = 0$$

の基本解を求めて，そのロンスキー行列とロンスキアンを求めよ．

4.4 特性方程式による基本解の分類

前節で述べた通り，定数係数の高階線形微分方程式では，特性方程式の根を求めて指数関数の右肩の係数とすれば基本解系が求まる．ただし一般に特性方程式の解は，重根になったり複素数になったりする．ここで考えている方程式はすべて実数の係数をもった微分方程式であるので，解は実数値で求めたい．実際そのような場合に解は一意的に実数の範囲で求まるということが定理 4.1 で保証されている．そこで以下ではこうした場合にどのように解が求まるかを考える．

4.4.1 特性方程式がすべて異なる実数の特性根の組をもつとき

すなわち $\{\lambda_1, \lambda_2, \cdots, \lambda_n\}$ を特性根として $\lambda_i \neq \lambda_j \ (i \neq j)$ である．このとき $\{e^{\lambda_1 t}, e^{\lambda_2 t}, \cdots, e^{\lambda_n t}\}$ は $Lx = 0$ の基本解 (系) となる．命題 4.3 より方程式を満たすのは明らかである．1 次独立性はロンスキアンを計算すると

$$W(t) = \begin{vmatrix} e^{\lambda_1 t} & e^{\lambda_2 t} & \cdots & e^{\lambda_n t} \\ \lambda_1 e^{\lambda_1 t} & \lambda_2 e^{\lambda_2 t} & \cdots & \lambda_n e^{\lambda_n t} \\ \cdots & \cdots & \cdots & \cdots \\ \lambda_1^{n-1} e^{\lambda_1 t} & \lambda_2^{n-1} e^{\lambda_2 t} & \cdots & \lambda_n^{n-1} e^{\lambda_n t} \end{vmatrix}$$

$$= e^{\lambda_1 t} e^{\lambda_2 t} \cdots e^{\lambda_n t} \begin{vmatrix} 1 & 1 & \cdots & 1 \\ \lambda_1 & \lambda_2 & \cdots & \lambda_n \\ \cdots & \cdots & \cdots & \cdots \\ \lambda_1^{n-1} & \lambda_2^{n-1} & \cdots & \lambda_n^{n-1} \end{vmatrix}.$$

すべての λ_k が 0 でないとすれば右辺は 0 にならないことが確かめられる．もしどれか一つの $\lambda_j = 0$ である時は仮定よりそれ以外の k で $\lambda_k \neq 0$ である．よって同様に右辺が 0 とならないことがわかる．

4.4.2 特性方程式が重根をもつとき

たとえば λ_s が重根であるとする (つまり $P(\lambda_s) = 0$). $Q(\lambda)$ を $n-2$ 次の多項式として $P(\lambda) = (\lambda - \lambda_s)^2 Q(\lambda)$ とかけるから λ で微分すると $P'(\lambda) = 2(\lambda - \lambda_s)Q(\lambda) + (\lambda - \lambda_s)^2 Q'(\lambda)$, よって $P'(\lambda_s) = 0$ を得る. ところが

$$\frac{\partial}{\partial \lambda} L e^{\lambda t} = L \frac{\partial}{\partial \lambda} e^{\lambda t} = L(t e^{\lambda t}).$$

一方左辺は

$$\frac{\partial}{\partial \lambda} L e^{\lambda t} = \frac{\partial}{\partial \lambda} P(\lambda) e^{\lambda t} = P'(\lambda) e^{\lambda t} + P(\lambda) t e^{\lambda t}$$

より上の二式の λ に λ_s を代入すると

$$L(t e^{\lambda_s t}) = P'(\lambda_s) e^{\lambda_s t} + P(\lambda_s) t e^{\lambda_s t} = 0$$

を得る. すなわち $t e^{\lambda_s t}$ も $Lx(t) = 0$ の解となることがわかる.

同様に3重根の場合も, $Q(\lambda)$ を $n-3$ 次の多項式として $P(\lambda) = (\lambda - \lambda_s)^3 Q(\lambda)$ とかけるから λ で微分すると

$$P'(\lambda) = 3(\lambda - \lambda_s)^2 Q(\lambda) + (\lambda - \lambda_s)^3 Q'(\lambda),$$
$$P''(\lambda) = 6(\lambda - \lambda_s)Q(\lambda) + 2 \cdot 3(\lambda - \lambda_s)^2 Q'(\lambda) + (\lambda - \lambda_s)^3 Q''(\lambda).$$

したがって $P''(\lambda_s) = P'(\lambda_s) = 0$ を得る. このとき

$$L(t^2 e^{\lambda t}) = L \frac{\partial^2}{\partial \lambda^2} e^{\lambda t} = \frac{\partial^2}{\partial \lambda^2} L e^{\lambda t} = \frac{\partial^2}{\partial \lambda^2} P(\lambda) e^{\lambda t}$$
$$= P''(\lambda) e^{\lambda t} + 2P'(\lambda) t e^{\lambda t} + P(\lambda) t^2 e^{\lambda t}$$

だから

$$L(t^2 e^{\lambda_s t}) = P''(\lambda_s) e^{\lambda_s t} + 2P'(\lambda_s) t e^{\lambda_s t} + P(\lambda_s) t^2 e^{\lambda_s t} = 0$$

を得て, $t^2 e^{\lambda_s t}$ も解となることがわかる. より一般に λ_k が多重度 m_k の重根であるとき帰納的に $e^{\lambda_k t}, t e^{\lambda_k t}, t^2 e^{\lambda_k t}, \cdots, t^{m_k - 1} e^{\lambda_k t}$ も解となる.

問題 4.3 重根の多重度が 4 の場合に上の事実を証明せよ.

4.4.3 特性方程式が虚根 (複素数根) をもつとき

たとえば σ と μ を実数として $\sigma + i\mu$ が特性根であるとする. 特性方程式が実係数ならば, その複素共役 $\sigma - i\mu$ も必ず根となる [*1)]. すると $e^{(\sigma + i\mu)t}$ と

[*1)] $\lambda = \sigma + i\mu$ が実係数の方程式 $P(\lambda) = 0$ の根であるとき $\overline{P(\lambda)} = P(\bar{\lambda})$ であるから, $P(\lambda) = 0$ から λ の複素共役が方程式 $P(\bar{\lambda}) = 0$ を満たすことがわかる.

4.4　特性方程式による基本解の分類　　　　41

$e^{(\sigma-i\mu)t}$ は，それぞれ解の一つになる．いま初期値を実数で与えた場合には，微分方程式の解は，解の存在定理 (定理 4.1) から実数の範囲で一意的に存在しなければならないから，$x(t) = \alpha e^{i\mu t} + \beta e^{-i\mu t}$ が一般には複素数になってしまうこととそぐわない．そこでオイラーの公式 $e^{\pm i\mu t} = \cos(\mu t) \pm i \sin(\mu t)$ を用いて，実数解にあわせた表現を求める．簡単のために，方程式が二階微分方程式で特性方程式が二共役複素根 $\lambda = \sigma \pm i\mu$ をもったとき，仮に複素定数 $\alpha = a + ib$, $\beta = c + id$ で解が表せるとすると直接計算することにより

$$x(t) = \alpha e^{\sigma t}\big(\cos(\mu t) + i\sin(\mu t)\big) + \beta e^{\sigma t}\big(\cos(\mu t) - i\sin(\mu t)\big)$$
$$= e^{\sigma t}(a\cos(\mu t) - b\sin(\mu t) + c\cos(\mu t) + d\sin(\mu t))$$
$$+ ie^{\sigma t}(b\cos(\mu t) + a\sin(\mu t) + d\cos(\mu t) - c\sin(\mu t))$$

を得る．ここで初期条件 $x(0)$, $x'(0)$ がともに実であると仮定すると

$$x(0) = a + c + i(b + d),$$
$$x'(0) = \mu(-b + d) + i\mu(a - c)$$

からそれぞれの虚部は 0 でなければならない．すなわち $a = c$, $d = -b$ を得る．これから $\alpha = \bar{\beta}$, したがって

$$x(t) = A e^{\sigma t}\cos(\mu t) + B e^{\sigma t}\sin(\mu t)$$

を得る．ただし $A = a + c = 2\mathrm{Re}\alpha$, $B = -b + d = -2\mathrm{Im}\alpha$ である．このように係数が実数の場合には，解を実関数で表すべきであるから，$e^{(\sigma+i\mu)t}$ などの表記を避けて，$e^{\sigma t}\sin\mu t$ や $e^{\sigma t}\cos\mu t$ を用いて基本解系を表現する．

注意　ここで現れた複素数値の解は初期条件を複素数の範囲に広げた場合に現れる解である．

例 4.1　$x'' + \omega^2 x = 0$ (ω は実数) の基本解を求めてその一般解と $t = 0$ のときに $x(0) = \omega$, $x'(0) = 2\omega$ となる解を求めてみる．

特性方程式は $\lambda^2 + \omega^2 = 0$ だから $\lambda = \pm i\omega$，よって基本解は実数の範囲で考えれば $\sin(\omega t)$, $\cos(\omega t)$ となる．一般解は a, b を定数として

$$x(t) = a\sin(\omega t) + b\cos(\omega t).$$

また

$$x'(t) = a\omega\cos(\omega t) - b\omega\sin(\omega t)$$

ゆえ与えられた初期条件を満たすものは $x(0) = b = \omega$, $x'(0) = a\omega = 2\omega$ より

$$x(t) = 2\sin(\omega t) + \omega\cos(\omega t).$$

これが初期条件を満たす解である.

問題 4.4 以下の定数係数高階微分方程式を解いて一般解を求めよ.

(1) $x'' + x' - 2x = 0$.

(2) $x'' - 4x' + 4x = 0$.

(3) $x'' + 4x = 0$.

(4) $x'' - 2x' + 5x = 0$.

問題 4.5 LRC 回路の電流を記述する二階微分方程式

$$L\frac{d^2 I}{dt^2} + R\frac{dI}{dt} + C^{-1}I = 0$$

の解の挙動を判別式 $R^2 - 4LC^{-1}$ の正負に応じて分類せよ.

4.5 非斉次二階線形微分方程式

二階の非斉次線形方程式

$$L_2(t)x \equiv \frac{d^2 x}{dt^2} + p_1(t)\frac{dx}{dt} + p_2(t)x = q(t)$$

の特解を探すことを考える. 第3章の冒頭で述べたようにその特解を求めれば一般解は斉次方程式の一般解との和で表せる. 以下が成り立つ.

定理 4.5 斉次線形方程式 $L_2(t)x(t) = 0$ の基本解 (系) を $\{u_1(t), u_2(t)\}$ とし $W(t)$ をそのロンスキアンとする. このとき非斉次微分方程式 $L_2(t)x = q(t)$ の特解 $\eta(t)$ は

$$\eta(t) = -u_1(t)\int_0^t \frac{u_2(s)q(s)}{W(s)}ds + u_2(t)\int_0^t \frac{u_1(s)q(s)}{W(s)}ds$$

で与えられ, したがってその一般解は α, β を定数として

$$x(t) = \alpha u_1(t) + \beta u_2(t) + \eta(t)$$

で与えられる.

証明は後に述べる定理 (定理 5.6) によってより一般の場合で保証されるので, ここではその応用を考える.

演 習 問 題　　　　　　　　43

例 4.2　次の非斉次線形微分方程式の一般解を求めよ.

$$x''(t) - 2x'(t) + x(t) = t^{-1}e^t.$$

まず斉次方程式 $x''(t) - 2x'(t) + x(t) = 0$ を解くとその特性方程式は $\lambda^2 - 2\lambda + 1 = 0$ より $\lambda = 1$ (重根). したがって基本解は e^t と te^t である. そのロンスキアンは

$$W(t) = \begin{vmatrix} e^t & te^t \\ e^t & (1+t)e^t \end{vmatrix} = e^{2t} \begin{vmatrix} 1 & t \\ 1 & (1+t) \end{vmatrix} = e^{2t}(1 + t - t) = e^{2t}.$$

定理 4.5 により非斉次方程式の特解を探すと

$$\begin{aligned}
\eta(t) &= -e^t \int^t \frac{se^s s^{-1}e^s}{e^{2s}} ds + te^t \int^t \frac{e^s s^{-1}e^s}{e^{2s}} ds \\
&= -e^t \int^t ds + te^t \int^t s^{-1} ds \\
&= -te^t + te^t \log|t|.
\end{aligned}$$

したがって一般解は a, b を定数として

$$x(t) = ae^t + bte^t + te^t \log|t|.$$

問題 4.6　次の微分方程式の一般解を求めよ.

(i) $x'' + 4x = \operatorname{cosec} 2t$ (ただし $\operatorname{cosec} t = \frac{1}{\sin t}$ である).

(ii) $x'' - 2x' + x = e^t \log t$.

(iii) $x'' - 3x' + 2x = \frac{1}{1 + e^{-t}}$.

演 習 問 題

4.1　次の斉次線形微分方程式の一般解を求めよ.

(1) $x''' + 2x'' - 5x' - 6x = 0$.

(2) $x^{(5)} + 2x''' = x' = 0$,　ただし $x^{(5)}$ は $x(t)$ の 5 階微分.

(3) $x''' - x = 0$.

(4) $x''' - 3x'' + 3x' - x = 0$.

4.2　次の斉次線形微分方程式の初期値問題の解を求めよ.

(1) $x'' - 2x' + x = 0$,　$x(0) = 2$,　$x'(0) = 0$.

(2) $x'' - 3x' + 2x = 0$,　$x(0) = 1$,　$x'(0) = 1$.

(3) $2x'' - 5x' + 2x = 0$,　$x(1) = 1$,　$x'(1) = 3$.

(4) $x'' + x' + x = 0,$ $x(0) = 3,$ $x'(0) = -1.$

4.3 次の非斉次線形微分方程式の一般解を求めよ.

(1) $x'' - 2x' + x = t.$

(2) $x'' - 3x' + 2x = e^t.$

(3) $2x'' - 4x' + 2x = t^2.$

(4) $x''' - x' = t.$

(5) $x''' - 3x'' + 3x' = e^{-t}.$

4.4 ω を実数として与えられた関数 $f(t)$ に対して $x''(t) + \omega^2 x(t) = f(t)$ の初期条件 $x(0) = 0$ $x'(0) = 0$ を満たす解は

$$x(t) = \frac{1}{\omega} \int_0^t \sin(\omega(t-s))f(s)ds$$

で与えられることを示せ.

第5章
連立線形微分方程式

CHAPTER 5

5.1 連立線形微分方程式

ここで考えるのは次のような一階連立線形微分方程式である．$\vec{x}(t) = {}^t(x_1(t), x_2(t), \cdots, x_n(t))$ を $\mathbb{R}^n$ を変数 t による未知ベクトル値関数 [*1]，$p_{ij}(t)$ は与えられた関数，$\vec{q}(t) = {}^t(q_1(t), q_2(t), \cdots, q_n(t))$ を与えられた定ベクトルとして

$$\frac{dx_1}{dt}(t) = p_{11}(t)x_1(t) + p_{12}(t)x_2(t) + \cdots + p_{1n}(t)x_n(t) + q_1(t),$$

$$\frac{dx_2}{dt}(t) = p_{21}(t)x_1(t) + p_{22}(t)x_2(t) + \cdots + p_{2n}(t)x_n(t) + q_2(t),$$

$$\vdots \qquad\qquad \vdots$$

$$\frac{dx_n}{dt}(t) = p_{n1}(t)x_1(t) + p_{n2}(t)x_2(t) + \cdots + p_{nn}(t)x_n(t) + q_n(t)$$

を考える．係数行列 $P(t) = \{p_{i,j}(t)\}_{1 \le i,j \le n}$ とおけば，すなわち

$$P(t) = \begin{pmatrix} p_{11}(t) & p_{12}(t) & \cdots & p_{1n}(t) \\ p_{21}(t) & p_{22}(t) & \cdots & p_{2n}(t) \\ \vdots & \vdots & \ddots & \vdots \\ p_{n1}(t) & p_{n2}(t) & \cdots & p_{nn}(t) \end{pmatrix}$$

とおけば方程式は

$$\frac{d\vec{x}(t)}{dt} = P(t)\vec{x}(t) + \vec{q}(t) \tag{5.1}$$

と表せる．初期条件

[*1] 本章では縦ベクトルを矢印付きで表すこととする．

$$\vec{x}(0) = \vec{x}_0 = {}^t(x_1, x_2, \cdots x_n) \in \mathbb{R}^n \tag{5.2}$$

を与えて問題 (5.1)-(5.2) を解くことを考える.

例 5.1 連立微分方程式
$$\frac{dx_1}{dt}(t) = x_2(t) + x_3(t) - 2x_1(t),$$
$$\frac{dx_2}{dt}(t) = x_3(t) + x_1(t) - 2x_2(t),$$
$$\frac{dx_3}{dt}(t) = x_1(t) + x_2(t) - 2x_3(t)$$

を考える. 係数行列 A を
$$A = \begin{pmatrix} -2 & 1 & 1 \\ 1 & -2 & 1 \\ 1 & 1 & -2 \end{pmatrix}$$

とおけば方程式は
$$\frac{d\vec{x}(t)}{dt} = A\vec{x}(t)$$

と表せる.

例 5.2 連立微分方程式
$$\frac{dx}{dt}(t) = -2y(t) + \cos t,$$
$$\frac{dy}{dt}(t) = x(t) - \sin t$$

を考える. 係数行列 A を
$$A = \begin{pmatrix} 0 & -2 \\ 1 & 0 \end{pmatrix}.$$

非斉次項 $\vec{q}(t) = {}^t(\cos t, \sin t)$ とおけば, 方程式は $\vec{x}(t) = {}^t(x(t), y(t))$ として
$$\frac{d\vec{x}(t)}{dt} = A\vec{x}(t) + \vec{q}(t)$$

となる.

例 5.3 n-階線形微分方程式
$$\frac{d^n x}{dt^n} + p_1(t)\frac{d^{n-1} x}{dt^{n-1}} + p_2(t)\frac{d^{n-2} x}{dt^{n-2}} + \cdots + p_n(t)x = q(t),$$
$$x(0) = x_1, \quad x'(0) = x_2, \quad \cdots, \quad x^{(n-1)}(0) = x_n$$

は次のような操作によって, 前述の一階連立微分方程式に帰着できることに注

意する.

いま $x_1(t) = x(t)$, $x_2(t) = x'(t)$, ..., $x_n(t) = \frac{d^{n-1}x}{dt^{n-1}}$ とおけば

$$\frac{dx_1}{dt}(t) = \qquad\qquad x_2(t) + \cdots + 0 + 0$$

$$\frac{dx_2}{dt}(t) = \qquad\qquad x_3(t) + \cdots + 0 + 0$$

$$\vdots \qquad\qquad\qquad\qquad \ddots$$

$$\frac{dx_n}{dt}(t) = -p_n(t)x_1(t) - p_{n-1}(t)x_2(t) - p_{n-2}(t)x_3(t) - \cdots - p_1(t)x_n(t) + q(t)$$

と書けるから

$$P(t) = \begin{pmatrix} 0 & 1 & 0 & \cdots & 0 \\ 0 & 0 & 1 & \cdots & 0 \\ \vdots & \vdots & \vdots & \ddots & \vdots \\ -p_n(t) & -p_{n-1}(t) & -p_{n-2}(t)\cdots & \cdots & -p_1(t) \end{pmatrix}$$

と $\vec{q}(t) = {}^t(0, 0, \cdots, 0, q(t))$ によってはじめの問題 (5.1) のように表せる.

定義 A を $n \times n$ 正方行列とする.

$$\|A\| := \sup_{\vec{x} \in \mathbb{R}^n} \frac{|A\vec{x}|}{|\vec{x}|}$$

によって $\|A\|$ を定義する $\|A\|$ を行列 A のノルムと呼ぶ.

すぐにわかることは任意の $\vec{x} \in \mathbb{R}^n$ に対して

$$|A\vec{x}| \leq \|A\|\,|\vec{x}|$$

が成り立つことである. 実際定義より $\forall \vec{x} \in \mathbb{R}^n$ に対して

$$\frac{|A\vec{x}|}{|\vec{x}|} \leq \|A\|$$

である.

次に行列関数 $A(t)$ について基本的な事柄を述べる.

補題 5.1 $A(t) = \{p_{ij}(t)\}_{1 \leq i,j \leq n}$ とする. ただし各 $p_{ij}(t)$ は $t \in \bar{I} = [0, T]$ 上で連続関数であるとする. このときある定数 $M > 0$ が存在してすべての $t \in [0, T]$ に対して $\|A(t)\| \leq M$ とできる.

(補題 5.1 の証明) 各 $\{p_{ij}(t)\}_{1\leq i,j\leq n}$ は $[0,T]$ 上で連続ゆえ有界である [*2]. したがってある定数 M があって $|p_{ij}(t)| \leq M$ とできる. すると $\vec{e} \in \mathbb{R}^n$, $\vec{e} = (e_1, e_2, \cdots, e_n)$, $|\vec{e}| = 1$ に対して

$$|A(t)\vec{e}| \leq \max_k |p_{1k}(t)e_1 + p_{2k}(t)e_2 + \cdots + p_{nk}(t)e_n|$$

$$\leq \max_k |p_{jk}(t)||e_j| \leq M.$$

よって

$$\|A(t)\| = \sup_{\vec{x}\in\mathbb{R}^n} \frac{|A(t)\vec{x}|}{|\vec{x}|} = \sup_{\vec{e}\in\mathbb{R}^n, |\vec{e}|=1} |A(t)\vec{e}| \leq M.$$

$\square$

定理 5.2 $n \times n$ 正方行列関数 $P(t)$ に対してその成分 $p_{ij}(t)$ が区間 $\bar{I} = [0,T]$ 上で連続であるとする. このとき初期値 $\vec{x} = \vec{x}_0$ と, 与えられたベクトル $\vec{q}(t)$ に対して, 微分方程式

$$\begin{cases} \dfrac{d\vec{x}}{dt} = P(t)\vec{x} + \vec{q}(t), \\ \vec{x}(0) = \vec{x} \end{cases}$$

の解 $\vec{x}(t)$ が I 上に存在して一意である.

(定理 5.2 の証明) 定理 3.2 を用いる. そこで定理の仮定をチェックする.

(i) $\max_{t\in I} |q(t)| \equiv K$ とおく.

$$|P(t)\vec{x} + \vec{q}(t)| \leq \|P(t)\||\vec{x}| + |\vec{q}(t)| \leq \|P(t)\||\vec{x}| + K.$$

補題 5.1 より $t \in I$ に依存しない定数 $M > 0$ が存在して $\|P(t)\| \leq M$ とできるから

$$|P(t)\vec{x} + \vec{q}(t)| \leq M|\vec{x}| + K.$$

(ii) 今度は方程式の右辺がリプシッツ連続であることをいう. いま $\vec{x}, \vec{y} \in \mathbb{R}^n$ を勝手にとって

$$|P(t)\vec{x} + \vec{q}(t) - (P(t)\vec{y} + \vec{q}(t))| = |P(t)(\vec{x} - \vec{y})|$$

$$\leq \|P(t)\||\vec{x} - \vec{y}| \leq M|\vec{x} - \vec{y}|, \quad {}^\forall t \in I.$$

[*2] コンパクト集合上の連続関数は一様有界であった.

したがって方程式 (5.1)-(5.2) は定理 3.2 の仮定を満たすのでその解が存在して一意的であることがわかる. □

上記の定理は定理 3.2 の典型的な応用であるが, 微分方程式 (5.1) の右辺が未知関数について線形であるということが未知関数についてリプシッツ連続になっているためには十分であることを示している. 印象としては「リプシッツ連続 ≃ 一次関数」であろう.

5.2 ロンスキー行列と解の独立性

以下では $P(t)$ の成分が I 上で連続であると仮定する (よって微分方程式 (5.1)-(5.2) の解の存在と一意性は保証される).

定義 方程式系 $\frac{d\vec{x}}{dt} = P(t)\vec{x}$ の n 個の一次独立な解の組 $\{\vec{x}_1(t), \vec{x}_2(t), \ldots, \vec{x}_n(t)\}$ を基本解あるいは基本解系という.

定義 $\frac{d\vec{x}}{dt} = P(t)\vec{x}$ の n 個の解の組 $\{\vec{x}_1(t), \vec{x}_2(t), \cdots, \vec{x}_n(t)\}$, ただし $\vec{x}_k(t) = {}^t(x_{1k}(t), x_{2k}(t), \cdots, x_{nk}(t))$ に対して, 行列

$$X(t) = [\vec{x}_1(t), \vec{x}_2(t), \cdots, \vec{x}_n(t)] = \begin{pmatrix} x_{11}(t) & x_{12}(t) & \cdots & x_{1n}(t) \\ x_{21}(t) & x_{22}(t) & \cdots & x_{2n}(t) \\ \vdots & \vdots & \ddots & \vdots \\ x_{n1}(t) & x_{n2}(t) & \cdots & x_{nn}(t) \end{pmatrix}$$

をロンスキー行列と呼び, その行列式 $\det X(t)$ をロンスキアンと呼んで $W(t) = W(\vec{x}_1(t)\vec{x}_2(t)\cdots\vec{x}_n(t))$ と表す [*3].

命題 5.3 $\{\vec{x}_1(t), \vec{x}_2(t), \cdots, \vec{x}_n(t)\}$ が微分方程式

$$\begin{cases} \dfrac{d\vec{x}}{dt} = P(t)\vec{x}, & t \in I = (0, T), \\ \vec{x}(0) = \vec{x}_0 \end{cases}$$

の n 個の解であるとき

$$W(t) = W(s)e^{\int_s^t \operatorname{tr}P(s)ds}, \quad t, s \in I$$

[*3] p. 38 の定義と比較・参照せよ.

50　　　　　　　　　5. 連立線形微分方程式

が成り立つ (ここで $\mathrm{tr}P(t) = p_{11}(t) + p_{22}(t) + \cdots + p_{nn}(t)$ は $P(t)$ のトレースを表す).

(命題 **5.3** の証明)　証明は一般の行列に対して行えるが，煩雑になるだけで本質はより簡単な行列でも理解できる．ここでは 3 行 3 列の場合で証明する．微分は「線形」作用素でその行列式は多重線形だから，微分が各列に振り分けられていることに注目する．このことから

$$
\frac{dW(t)}{dt} = \begin{vmatrix} x'_{11}(t) & x'_{12}(t) & x'_{13}(t) \\ x_{21}(t) & x_{22}(t) & x_{23}(t) \\ x_{31}(t) & x_{32}(t) & x_{33}(t) \end{vmatrix}
$$

$$
+ \begin{vmatrix} x_{11}(t) & x_{12}(t) & x_{13}(t) \\ x'_{21}(t) & x'_{22}(t) & x'_{23}(t) \\ x_{31}(t) & x_{32}(t) & x_{33}(t) \end{vmatrix} \tag{5.3}
$$

$$
+ \begin{vmatrix} x_{11}(t) & x_{12}(t) & x_{13}(t) \\ x_{21}(t) & x_{22}(t) & x_{23}(t) \\ x'_{31}(t) & x'_{32}(t) & x'_{33}(t) \end{vmatrix}.
$$

この等式は行列式の置換 [*4)] $\sigma = (\sigma(1), \sigma(2), \sigma(3)) \in S_3$ を用いた表現において関数の積の微分公式を適用して得られる．$\mathrm{sgn}(\sigma)$ を置換 σ の符号関数，すなわち

$$
\mathrm{sgn}(\sigma) = \begin{cases} 1, & \sigma : 偶置換, \\ -1, & \sigma : 奇置換 \end{cases}
$$

として

$$
\begin{aligned}
\frac{d}{dt}W(t) &= \frac{d}{dt} \sum_{\sigma \in S_3} \mathrm{sgn}(\sigma) x_{1,\sigma(1)}(t) x_{2,\sigma(2)}(t) x_{3,\sigma(3)}(t) \\
&= \sum_{\sigma \in S_3} \mathrm{sgn}(\sigma) x'_{1,\sigma(1)}(t) x_{2,\sigma(2)}(t) x_{3,\sigma(3)}(t) \\
&\quad + \sum_{\sigma \in S_3} \mathrm{sgn}(\sigma) x_{1,\sigma(1)}(t) x'_{2,\sigma(2)}(t) x_{3,\sigma(3)}(t) \\
&\quad + \sum_{\sigma \in S_3} \mathrm{sgn}(\sigma) x_{1,\sigma(1)}(t) x_{2,\sigma(2)}(t) x'_{3,\sigma(3)}(t).
\end{aligned} \tag{5.4}
$$

[*4)]　$n = 3$ における置換群は $S_3 = \{(1,2,3), (2,3,1), (3,1,2), (1,3,2), (2,1,3), (3,2,1)\}$.

上の式 (5.4) の右辺の各項が式 (5.3) の右辺の各項に対応している．さて右辺第一項の微分がかかった列ベクトルは，微分方程式 $\dfrac{d\vec{x}}{dt} = P(t)\vec{x}$ の各ベクトルの第一成分だけを取り出してみたものだから，その第一成分だけ取り出せば

$$x'_{11}(t) = \frac{d}{dt}\vec{x}_1 \text{の第一成分} = p_{11}x_{11} + p_{12}x_{21} + p_{13}x_{31},$$

$$x'_{12}(t) = \frac{d}{dt}\vec{x}_2 \text{の第一成分} = p_{11}x_{12} + p_{12}x_{22} + p_{13}x_{32}, \qquad (5.5)$$

$$x'_{13}(t) = \frac{d}{dt}\vec{x}_3 \text{の第一成分} = p_{11}x_{13} + p_{12}x_{23} + p_{13}x_{33}$$

などと表せる．これらを用いて (5.3) の右辺第一項の微分の項をおきなおせば

$$\begin{vmatrix} p_{11}x_{11} + p_{12}x_{21} + p_{13}x_{31} & p_{11}x_{12} + p_{12}x_{22} + p_{13}x_{32} & p_{11}x_{13} + p_{12}x_{23} + p_{13}x_{33} \\ x_{21} & x_{22} & x_{23} \\ x_{31} & x_{32} & x_{33} \end{vmatrix}$$

と書ける．一番上の列ベクトル (の k 番目) は $p_{11}x_{1k}(t) + p_{12}x_{2k}(t) + p_{13}x_{3k}(t)$ なので，行列式を計算する基本変形を用いて，たとえば第三列ベクトルを p_{13} 倍して第一列ベクトルから引き去れば，その結果は $p_{11}x_{1k}(t) + p_{12}x_{2k}(t)$ となる．同様に第二列ベクトルの p_{12} 倍を引き去れば $p_{11}(t)x_{1k}(t)$ のみ残る．こうした操作によって

$$\begin{vmatrix} p_{11}x_{11} & p_{11}x_{12} & p_{11}x_{13} \\ x_{21} & x_{22} & x_{23} \\ x_{31} & x_{23} & x_{33} \end{vmatrix} = p_{11}\begin{vmatrix} x_{11} & x_{12} & x_{13} \\ x_{21} & x_{22} & x_{23} \\ x_{31} & x_{23} & x_{33} \end{vmatrix} = p_{11}W(t)$$

を得る．第 2 項以降も同様にして簡単にすると (5.3) 式の右辺は

$$p_{11}(t)W(t) + p_{22}(t)W(t) + p_{33}(t)W(t) = \operatorname{tr}P(t)W(t).$$

すなわち

$$\frac{dW(t)}{dt} = \operatorname{tr}P(t)W(t)$$

を得て，これを $W(t)$ について解けば (これはスカラーの線形常微分方程式だから)

$$W(t) = W(s)\exp\left\{\int_s^t \operatorname{tr}P(s)ds\right\}.$$

$\square$

命題 5.4 $\dfrac{d\vec{x}}{dt} = P(t)\vec{x}$ の n 個の解の組 $\{\vec{x}_1(t), \vec{x}_2(t), \cdots, \vec{x}_n(t)\}$ が基本解系であるための必要十分条件はそのロンスキー行列式 $W(t)$ が $W(t) \neq 0$

となることである.

(命題 5.4 の証明)　(⇒ 必要性)　$\{\vec{x}_1(t), \vec{x}_2(t), \cdots, \vec{x}_n(t)\}$ が $\frac{d\vec{x}}{dt} = P(t)\vec{x}$ の基本解 (系) であるとすると, これらは一次独立である. いまある $t_0 \in I = [0, T]$ でそのロンスキアンが $W(t_0) = 0$ になるとすると, 命題 5.3 よりすべての $t \in [0, T]$ に対して $W(t) = 0$ である. したがってすべての t に対してベクトル $\{\vec{x}_1(t), \vec{x}_2(t), \cdots, \vec{x}_n(t)\}$ が一次従属となることになる. これは矛盾であるので, $W(t) \neq 0$ である.

(⇐ 十分性)　反対に $\{\vec{x}_1(t), \vec{x}_2(t), \cdots, \vec{x}_n(t)\}$ が一次従属のベクトルとなればすべてが同時に 0 とはならないスカラーの組 $\{\alpha_1, \alpha_2, \cdots, \alpha_n\}$ によって

$$\alpha_1 \vec{x}_1(t) + \alpha_2 \vec{x}_2(t) + \cdots + \alpha_n \vec{x}_n(t) = 0$$

とできる. $\vec{a} = {}^t(\alpha_1, \alpha_2, \cdots, \alpha_m)$ とおけば, これは

$$X(t)\vec{a} = 0$$

を意味する. $\vec{a} \neq 0$ よりこのとき $X(t)$ の逆が存在してはならない. すなわち $W(t) = 0$ でなければならない. ちなみにそうなると命題 5.3 よりすべての $t \in [0, T]$ で $W(t) = 0$ である. 対偶を取れば $W(t) \neq 0$ ならば $\{\vec{x}_1(t), \vec{x}_2(t), \cdots, \vec{x}_n(t)\}$ は一次独立. □

命題 5.5　$\{\vec{x}_1(t), \vec{x}_2(t), \cdots, \vec{x}_n(t)\}$ を
$$\frac{d\vec{y}}{dt} = P(t)\vec{y} \tag{5.6}$$
の基本解系であるとする. このとき初期値 $\vec{y}(0) = \vec{y}_0$ を満たす (5.6) の解 $\vec{y}(t)$ は基本解系 $\{\vec{x}_1(t), \vec{x}_2(t), \cdots, \vec{x}_n(t)\}$ によるロンスキー行列 $X(t)$ を用いて

$$\vec{y}(t) = X(t)X^{-1}(0)\vec{y}_0$$

で与えられる.

(命題 5.5 の証明)　$\{\vec{x}_1(t), \vec{x}_2(t), \cdots, \vec{x}_n(t)\}$ は基本解系ゆえ命題 5.4 からそのロンスキアンは $W(t) \neq 0$ である. よってロンスキー行列 $X(t)$ はすべての

5.2 ロンスキー行列と解の独立性　　53

$t \in [0,T]$ で逆 $X^{-1}(t)$ をもつ. さらに任意のベクトル $\vec{a} = {}^t(a_1, a_2, \cdots, a_n)$ に対して

$$y(t) = X(t)\vec{a} = a_1\vec{x}_1(t) + a_2\vec{x}_2(t) + \cdots + a_n\vec{x}_n(t)$$
$$= X(t)\vec{a}$$

とおくと $\vec{x}_i(t)$ はそれぞれ $\frac{d\vec{x}}{dt} = P(t)\vec{x}$ の解ゆえその線形性より $y(t)$ もまた解となる. これは一般解である. 特に初期条件を満たす解に対する $\vec{a}$ を決定するため $\vec{y}(0) = \vec{y}_0 = {}^t(y_1, y_2, \cdots, y_n)$ に対して

$$\vec{y}(0) = X(0)\vec{a} \equiv \vec{y}_0$$

とおくと $X(0)$ は逆行列をもつから

$$\vec{a} = X^{-1}(0)\vec{y}_0.$$

すなわち

$$\vec{y}(t) = X(t)\vec{a} = X(t)X^{-1}(0)\vec{y}_0$$

を得る. これが初期条件を満たす一意解である.　　□

注意　解を与えるロンスキー行列 $X(t)$ は半群の性質[*5]

(1) $X(0) = I$,

(2) $X(t+s) = X(t)X(s)$ $(t, s \geq 0)$

を満たす. このため $X(t) = e^{\int^t P(\tau)d\tau}$ と表すことがある.

　最後に定数変化法による非斉次線形方程式系の解法を述べる.

$$\begin{cases} \dfrac{d\vec{x}(t)}{dt} = P(t)\vec{x}(t) + \vec{q}(t), \\ \vec{x}(0) = \vec{x}_0 \end{cases} \tag{5.7}$$

に対して斉次方程式

$$\begin{cases} \dfrac{d\vec{x}(t)}{dt} = P(t)\vec{x}(t), \\ \vec{x}(0) = \vec{x}_0 \end{cases} \tag{5.8}$$

を考える.

[*5]　たとえば藤田宏・黒田成俊・伊藤清三『岩波基礎数学選書 関数解析』(岩波書店, 1991) などを参照のこと.

54　　　　　　　　　　5.　連立線形微分方程式

定理 5.6 非斉次線形連立微分方程式 (5.7) の解 $\vec{x}(t)$ は斉次微分方程式系 (5.8) の基本解系 $\{\vec{x}_1(t), \vec{x}_2(t), \cdots, \vec{x}_n(t)\}$ のロンスキー行列 $X(t)$ によって

$$x(t) = X(t)X^{-1}(0)\vec{x}_0 + X(t)\int_0^t X^{-1}(s)\vec{q}(s)ds$$

で与えられる.

(定理 5.6 の証明)　(5.6) の解 $\vec{x}(t)$ に対して $\vec{x}(t) = X(t)\vec{u}(t)$ とおく. t で微分すると

$$\begin{aligned}
\frac{d\vec{x}(t)}{dt} &= \frac{dX(t)}{dt}\vec{u}(t) + X(t)\frac{d\vec{u}(t)}{dt} \\
&= \left[\frac{d}{dt}x_1(t), \cdots, \frac{d}{dt}x_n(t)\right]\vec{u}(t) + X(t)\frac{d\vec{u}(t)}{dt} \\
&= P(t)X(t)\vec{u}(t) + X(t)\frac{d\vec{u}(t)}{dt}.
\end{aligned}$$

左辺は $P(t)\vec{x}(t) + \vec{q}(t)$ ゆえ $X(t)\vec{u}(t) = \vec{x}(t)$ に注意して辺々引き去れば

$$X(t)\frac{d\vec{u}(t)}{dt} = \vec{q}(t).$$

すなわち

$$\frac{d\vec{u}(t)}{dt} = X^{-1}(t)\vec{q}(t).$$

積分して

$$\vec{u}(t) = \vec{u}(0) + \int_0^t X^{-1}(s)\vec{q}(s)ds.$$

初期条件から $\vec{u}(0) = X^{-1}(0)\vec{a}$ である. したがって非斉次方程式の解は

$$\vec{x}(t) = X(t)\vec{u}(t) = X(t)X^{-1}(0)\vec{x}_0 + X(t)\int_0^t X^{-1}(s)\vec{q}(s)ds$$

となる.　　　　　　　　　　　　　　　　　　　　　　　　　　　　□

問題 5.1　上記の定理 5.6 を用いて定理 4.5 を証明せよ.

(ヒント)　二階微分方程式

$$L_2(t)x \equiv \frac{d^2x}{dt^2} + p_1(t)\frac{dx}{dt} + p_2(t)x = q(t)$$

は

$$\vec{x} = \begin{pmatrix} x(t) \\ x'(t) \end{pmatrix} \quad \vec{q}(t) = \begin{pmatrix} 0 \\ q(t) \end{pmatrix} \quad P(t) = \begin{pmatrix} 0 & 1 \\ -p_2(t), & -p_1(t) \end{pmatrix}$$

に対して連立方程式

$$\frac{d\vec{x}(t)}{dt} = P(t)\vec{x}(t) + \vec{q}(t)$$

で表せるから定理 5.6 よりその特解は

$$\vec{x}(t) = X(t) \int_0^t X^{-1}(s)\vec{q}(s)ds$$

である. ロンスキー行列 $X(t)$ は基本解系 $\{u_1(t), u_2(t)\}$ によってかけて

$$X^{-1}(t) = \frac{1}{W(t)} \begin{pmatrix} u_2'(t) & -u_2(t) \\ -u_1'(t) & u_1(t) \end{pmatrix}$$

であるから解の表示は

$$\begin{pmatrix} \eta(t) \\ \eta'(t) \end{pmatrix} = \begin{pmatrix} u_1(t) & u_2(t) \\ u_1'(t) & u_2'(t) \end{pmatrix} \int_0^t \frac{1}{W(s)} \begin{pmatrix} u_2'(s) & -u_2(s) \\ -u_1'(s) & u_1(s) \end{pmatrix} \begin{pmatrix} 0 \\ q(s) \end{pmatrix} ds$$

$$= \begin{pmatrix} u_1(t) & u_2(t) \\ u_1'(t) & u_2'(t) \end{pmatrix} \int_0^t \frac{1}{W(s)} \begin{pmatrix} -u_2(s)q(s) \\ u_1(s)q(s) \end{pmatrix} ds$$

$$= \begin{pmatrix} -u_1(t) \int_0^t \frac{1}{W(s)} u_2(s)q(s)ds + u_2(t) \int_0^t \frac{1}{W(s)} u_1(s)q(s)ds \\ -u_1'(t) \int_0^t \frac{1}{W(s)} u_2(s)q(s)ds + u_2'(t) \int_0^t \frac{1}{W(s)} u_1(s)q(s)ds \end{pmatrix}$$

となる (第二成分 $\eta'(t)$ が本当に $\eta(t)$ の微分となるかどうか各自調べよ).

5.3 定数係数連立線形微分方程式

高階の場合と同様に定数係数の場合を考える.

$$\begin{cases} \dfrac{d\vec{x}(t)}{dt} = A\vec{x}(t) + \vec{q}(t), \\ \vec{x}(t) = \vec{x}_0. \end{cases} \tag{5.9}$$

ここで係数行列 A は

$$A = \begin{pmatrix} a_{11} & a_{12} & \cdots, & a_{1n} \\ a_{21} & a_{22} & \cdots, & a_{2n} \\ \vdots & \vdots & \ddots & \vdots \\ a_{n1} & a_{n2} & \cdots, & a_{nn} \end{pmatrix}$$

で与えられるとする.

56   5. 連立線形微分方程式

5.3.1 行列の指数関数

A を $n \times n$ 行列とする.

定義 A の指数関数 e^A を

$$e^A \equiv I + A + \frac{1}{2}A^2 + \frac{1}{3!}A^3 + \cdots = \sum_{k=0}^{\infty} \frac{1}{k!}A^k$$

で定義する.

この定義は整合性をもつものである. 実際右辺の級数の部分和

$$S_n = \sum_{k=0}^{n} \frac{1}{k!}A^k$$

を考えると

$$\|S_n\| \le \sum_{k=0}^{n} \frac{1}{k!}\|A^k\| \le \sum_{k=0}^{n} \frac{1}{k!}\|A\|^k$$

$$\to \sum_{k=0}^{\infty} \frac{1}{k!}\|A\|^k = e^{\|A\|} \quad (n \to \infty)$$

となり右辺は n によらずに収束する. したがって左辺は極限をもち,それは絶対収束する.

さて斉次定数係数連立微分方程式を考える.

$$\begin{cases} \dfrac{d\vec{x}(t)}{dt} = A\vec{x}(t), \\ \vec{x}(t) = \vec{x}_0. \end{cases} \tag{5.10}$$

定理 5.7 定数係数線形連立微分方程式 (5.10) の解,行列 $X(t)X^{-1}(0)$ は係数行列 A の指数関数 e^{tA} で与えられる.

(定理 5.7 の証明) 前述の議論により e^{tA} が絶対収束し,かつ $t \in [0, T]$ に対しては一様に収束することがわかっている. いま初期値 $\vec{x}_0$ に対して解 $\vec{x}(t)$ が $e^{tA}\vec{x}_0$ と表されることを示す. まず $e^{tA}|_{t=0} = I$ だから $\vec{x}(0) = \vec{x}_0$ であることは明らか. 一方指数関数の部分和に対して

$$\frac{d}{dt}\sum_{k=0}^{n} \frac{1}{k!}t^k A^k = \sum_{k=1}^{n} \frac{1}{(k-1)!}t^{k-1}A^k = A\sum_{k=0}^{n-1} \frac{1}{k!}t^k A^k.$$

これより両辺の極限をとって

$$\frac{d}{dt}e^{tA} = Ae^{tA}$$

を得る. 特に $\dfrac{d}{dt}e^{tA}\vec{x}_0 = Ae^{tA}\vec{x}_0$ ゆえ解の一意性より $X(t)X^{-1}(0)\vec{x}_0 = e^{tA}\vec{x}_0$
を得る. □

5.3.2 具体的な行列の指数関数の例

例 5.4 行列 A を

$$A = \begin{pmatrix} 0 & 1 \\ -1 & 0 \end{pmatrix}$$

とするとき微分方程式

$$\begin{cases} \dfrac{d\vec{x}}{dt} = A\vec{x}, \\ \vec{x}(0) = (a,b)^t \end{cases}$$

の解行列 (ロンスキー行列) $X(t)X^{-1}(0)$ を求めよ.

(解答) 定理 5.7 から e^{tA} を求めればよい. いま特に $A^2 = -I$ であるから

$$
\begin{aligned}
e^{tA} &= I + A + \frac{1}{2}t^2 A^2 + \frac{1}{3!}t^3 A^3 + \frac{1}{4!}t^4 A^4 + \cdots \\
&= I + A - \frac{1}{2}t^2 I - \frac{1}{3!}t^3 A + \frac{1}{4!}t^4 I + \cdots \\
&= I\left(1 - \frac{1}{2}t^2 + \frac{1}{4!}t^4 + \cdots\right) + A\left(t - \frac{1}{3!}t^3 + \frac{1}{5!}t^5 + \cdots\right) \\
&= I\cos t + A\sin t \\
&= \begin{pmatrix} \cos t & 0 \\ 0 & \cos t \end{pmatrix} + \begin{pmatrix} 0 & \sin t \\ -\sin t & 0 \end{pmatrix}.
\end{aligned}
$$

すなわち, 解は

$$\vec{x}(t) = X(t)X^{-1}(0)\vec{x}_0 = e^{tA}\vec{x}_0 = \begin{pmatrix} \cos t & \sin t \\ -\sin t & \cos t \end{pmatrix}\begin{pmatrix} a \\ b \end{pmatrix}$$

で与えられる.

上記の例ではたまたま A^2 が簡単に表されるので, 容易に行列の指数関数が求められたが, 実際にはこのようにうまく行くことは少ない. そこで組織的に行列の指数関数を求めることが求められる.

一般に行列の内で, 対角化できるものの指数関数を求めることは比較的容易である.

いま A を $n \times n$ 行列としその固有値を $\lambda_1, \lambda_2, \cdots, \lambda_n$ とする. 対応する固有ベクトル $\vec{a}_1, \vec{a}_2, \cdots, \vec{a}_n$ を用い行列 $P = [\vec{a}_1, \vec{a}_2, \cdots, \vec{a}_n]$ とおいて, さらに $\lambda_1, \lambda_2, \cdots, \lambda_n$ を対角成分にもつ行列を Λ とすれば, A は

$$AP = P \begin{pmatrix} \lambda_1 & & & \\ & \lambda_2 & & \\ & & \ddots & \\ & & & \lambda_n \end{pmatrix} \equiv P\Lambda$$

から $A = P\Lambda P^{-1}$ と対角化される. このとき e^{tA} は定義にしたがって

$$e^{tA} = \sum_{k=0}^{\infty} \frac{1}{k!} t^k A^k = \sum_{k=0}^{\infty} \frac{1}{k!} t^k (P\Lambda P^{-1})^k$$

$$= P \sum_{k=0}^{\infty} \frac{1}{k!} t^k A^k P^{-1} = P \begin{pmatrix} e^{\lambda_1 t} & & & \\ & e^{\lambda_2 t} & & \\ & & \ddots & \\ & & & e^{\lambda_n t} \end{pmatrix} P^{-1}$$

と表される. ここで行列の成分の表示されていない部分は, 成分が 0 であることを表す.

例 5.5 行列 A を

$$A = \begin{pmatrix} 0 & 2 \\ -1 & 0 \end{pmatrix}$$

で与えるとき, 微分方程式 (5.10) の解行列 (ロンスキー行列) $X(t)X^{-1}(0) = e^{tA}$ を求めよ.

A の固有方程式は $|\lambda I - A| = \begin{vmatrix} \lambda & -2 \\ 1 & \lambda \end{vmatrix} = \lambda^2 + 2 = 0$, したがって固有値は $\lambda = \pm\sqrt{2}i$. 対応する固有ベクトルをそれぞれ $^t(\sqrt{2}, i)$ $^t(\sqrt{2}, -i)$ とおけば

$$A \begin{pmatrix} \sqrt{2} & \sqrt{2} \\ i & -i \end{pmatrix} = \begin{pmatrix} \sqrt{2} & \sqrt{2} \\ i & -i \end{pmatrix} \begin{pmatrix} \sqrt{2}i & 0 \\ 0 & -\sqrt{2}i \end{pmatrix}$$

と表せて $P = \begin{pmatrix} \sqrt{2} & \sqrt{2} \\ i & -i \end{pmatrix}$ に対して

$$A = P\Lambda P^{-1}$$

と対角化できる. これより解行列 $X(t)X^{-1}(0) = e^{tA}$ は

$$e^{tA} = P \sum_{k=0}^{\infty} \frac{1}{k!} t^k \Lambda^k P^{-1} = P \begin{pmatrix} e^{\sqrt{2}it} & 0 \\ 0 & e^{-\sqrt{2}it} \end{pmatrix} P^{-1}$$

と

$$P^{-1} = -\frac{1}{2\sqrt{2}i} \begin{pmatrix} -i & -\sqrt{2} \\ -i & \sqrt{2} \end{pmatrix}$$

により

$$
\begin{aligned}
e^{tA} &= P \begin{pmatrix} e^{\sqrt{2}it} & 0 \\ 0 & e^{-\sqrt{2}it} \end{pmatrix} P^{-1} \\
&= -\frac{1}{2\sqrt{2}i} \begin{pmatrix} \sqrt{2} & \sqrt{2} \\ i & -i \end{pmatrix} \begin{pmatrix} e^{\sqrt{2}it} & 0 \\ 0 & e^{-\sqrt{2}it} \end{pmatrix} \begin{pmatrix} -i & -\sqrt{2} \\ -i & \sqrt{2} \end{pmatrix} \\
&= -\frac{1}{2\sqrt{2}i} \begin{pmatrix} \sqrt{2} & \sqrt{2} \\ i & -i \end{pmatrix} \begin{pmatrix} -ie^{\sqrt{2}it} & -\sqrt{2}e^{\sqrt{2}it} \\ -ie^{-\sqrt{2}it} & \sqrt{2}e^{-\sqrt{2}it} \end{pmatrix} \\
&= -\frac{1}{2\sqrt{2}i} \begin{pmatrix} -\sqrt{2}i(e^{\sqrt{2}it} + e^{-\sqrt{2}it}) & -2(e^{\sqrt{2}it} - e^{-\sqrt{2}it}) \\ e^{\sqrt{2}it} - e^{-\sqrt{2}it} & -\sqrt{2}i(e^{\sqrt{2}it} + e^{-\sqrt{2}it}) \end{pmatrix} \\
&= \begin{pmatrix} \cos\sqrt{2}t & \sqrt{2}\sin\sqrt{2}t \\ -\frac{1}{\sqrt{2}}\sin\sqrt{2}t & \cos\sqrt{2}t \end{pmatrix}
\end{aligned}
$$

となる.

例 5.6 行列 A を

$$A = \begin{pmatrix} 2 & 1 \\ 0 & 2 \end{pmatrix}$$

で与えるとき, 微分方程式 (5.10) の解行列 (ロンスキー行列) $X(t)X^{-1}(0) = e^{tA}$ を求めよ.

A の固有方程式は $|\lambda I - A| = \begin{vmatrix} \lambda - 2 & -1 \\ 0 & \lambda - 2 \end{vmatrix} = (\lambda - 2)^2 = 0$. したがって固有値は $\lambda = 2$ (重根). この場合固有値 2 に付随する固有空間は縮退するため独立な固有ベクトルを選べずに対角化できない. 実際, 行列 A はジョルダン標準形のかたちをしている. この場合 A の k 乗は

$$A^k = \begin{pmatrix} 2^k & k2^{k-1} \\ 0 & 2^k \end{pmatrix}$$

で与えられる (これを帰納法で証明せよ). これより解行列 $X(t)X^{-1}(0) = e^{tA}$

は

$$e^{tA} = \sum_{k=0}^{\infty} \frac{1}{k!} t^k A^k = \begin{pmatrix} \displaystyle\sum_{k=0}^{\infty} \frac{(2t)^k}{k!} & \displaystyle\sum_{k=0}^{\infty} \frac{2^{k-1} t^k}{(k-1)!} \\ 0 & \displaystyle\sum_{k=0}^{\infty} \frac{(2t)^k}{k!} \end{pmatrix}$$

$$= \begin{pmatrix} e^{2t} & te^{2t} \\ 0 & e^{2t} \end{pmatrix}$$

で与えられる.

問題 5.2 $\dfrac{d\vec{x}}{dt} = A\vec{x}$ の基本解行列 e^{tA} を以下の行列の場合に求めよ.

(i) $A = \begin{pmatrix} 0 & 1 \\ 1 & 0 \end{pmatrix}$.

(ii) $A = \begin{pmatrix} 1 & 2 \\ 1 & 0 \end{pmatrix}$.

(iii) $A = \begin{pmatrix} 2 & 1 \\ 0 & -2 \end{pmatrix}$.

演 習 問 題

5.1 以下の行列 A に対して微分方程式 $\dfrac{d\vec{x}}{dt} = A\vec{x}$ の基本解行列 e^{tA} を求めよ.

(1) $A = \begin{pmatrix} 1 & 2 \\ 4 & 3 \end{pmatrix}$.

(2) $A = \begin{pmatrix} 2 & 1 & 0 \\ 0 & -2 & 0 \\ 0 & 0 & 1 \end{pmatrix}$.

5.2 連立微分方程式

$$\begin{cases} \dfrac{dx_1}{dt}(t) = x_1(t) + x_2(t), \\ \dfrac{dx_2}{dt}(t) = -2x_1(t) - x_2(t), \\ \dfrac{dx_3}{dt}(t) = -x_2(t) + x_3(t) \end{cases}$$

を考える.

(1) ベクトル $^t(x_1(t), x_2(t), x_3(t))$ に対する微分方程式を $\dfrac{d\vec{x}}{dt} = A\vec{x}$ の形で表し,

基本解系 e^{tA} を求めよ.

(2) $x_1^2(t) + \big(x_1(t) + x_2(t)\big)^2$ は時間 t に依存せず一定であることを示せ.

(3) $u(t) = x_1(t) + x_2(t)$ と置き換えることにより,連立系が $(x_1(t), u(t))$ の連立系と $x_3(t)$ の従属系におきかわることを示して,一般解を求めよ.

5.3 連立微分方程式
$$\begin{cases} \dfrac{dx_1}{dt}(t) = -11x_1(t) + 6x_2(t) - 2x_3(t), \\[2mm] \dfrac{dx_2}{dt}(t) = 6x_1(t) - 10x_2(t) + 4x_3(t), \\[2mm] \dfrac{dx_3}{dt}(t) = -2x_1(t) + 4x_2(t) - 6x_3(t) \end{cases}$$

を考える.

(1) 微分方程式を $\dfrac{d\vec{x}}{dt} = A\vec{x}$ の形で表したとき行列 A の固有値をそれぞれ求めて,それぞれの固有ベクトル空間への射影行列 P_1, P_2, P_3 を求めよ.

(2) 初期条件を $(x_1(0), x_2(0), x_3(0)) = (a, b, c) = {}^t\vec{a}$ とおいたとき一般解 $\vec{x}(t)$ を射影行列を用いて表せ.

第6章

微分方程式の級数解法

CHAPTER 6

　一般に線形方程式であっても変数係数の場合は，解を求めるのは容易ではない．より一般に非線形方程式では統一的な方法で解を求めることは困難である．しかし何らかの方法で解の様子を知りたい場合には，組織的に近似解を構成する方法を知る必要がある．以下では変数係数の特別な状況について解が求められる場合とそれらの状況で比較的一般的と思われる方法——級数展開の方法——を述べる．特にこの方法は，係数関数に可微分性がない点 (特異点と呼ぶ) を含む場合ですら有効である．

6.1 オイラー型方程式

　変数係数の二階線形微分方程式で，天下り的に次の形の問題をモデルケースとして取り上げる．

$$t^2 \frac{d^2 x}{dt^2} + at \frac{dx}{dt} + bx = q(t).$$

ただし a, b は与えられた定数，$q(t)$ も与えられた関数である．この形をした微分方程式をオイラーの微分方程式 (Euler's differencial equation) と呼ぶ．この方程式は非斉次線形方程式だからまず斉次方程式

$$t^2 \frac{d^2 x}{dt^2} + at \frac{dx}{dt} + bx = 0$$

を解くことを考える．$t = e^\tau$ とおくと $\tau = \log t$ だから，変数変換により

$$\frac{d}{dt} = \frac{d\tau}{dt} \frac{d}{d\tau} = e^{-\tau} \frac{d}{d\tau},$$

$$\frac{d^2}{dt^2} = e^{-\tau} \frac{d}{d\tau} e^{-\tau} \frac{d}{d\tau} = e^{-2\tau} \frac{d^2}{d\tau^2} - e^{-2\tau} \frac{d}{d\tau}.$$

あるいは

$$t\frac{d}{dt} = \frac{d}{d\tau}, \quad t^2\frac{d^2}{dt^2} = \frac{d^2}{d\tau^2} - \frac{d}{d\tau}.$$

このとき微分方程式は $y(\tau) = x(t)$ とおけば

$$\frac{d^2y}{d\tau^2} + (a-1)\frac{dy}{d\tau} + by = 0$$

と変換される.これは定数係数の線形微分方程式であるから,その基本解系は特性方程式

$$\lambda(\lambda - 1) + a\lambda + b = 0$$

の根 λ_1 と λ_2 によって決定される.これを特にオイラーの微分方程式の決定方程式と呼ぶ.

たとえば $\lambda_1 \neq \lambda_2$ がともに実根であればその基本解は $y_1(\tau) = e^{\lambda_1\tau}$ と $y_2(\tau) = e^{\lambda_2\tau}$ ゆえ,もとの微分方程式の基本解系は $x_1(t) = (e^\tau)^{\lambda_1} = t^{\lambda_1}$ と $x_2(t) = t^{\lambda_2}$ で与えられることになる.したがってその一般解は C_1 と C_2 を定数として

$$x(t) = C_1 t^{\lambda_1} + C_2 t^{\lambda_2}.$$

もし二つの根が重根のときすなわち $\lambda_1 = \lambda_2 = \lambda$ のとき,その基本解は $y_1(\tau) = e^{\lambda\tau}$ と $y_2(\tau) = \tau e^{\lambda\tau}$ だから元の微分方程式の基本解系は $x_1(t) = t^\lambda$ と $x(t) = t^\lambda \log t$ となって一般解は同じく C_1 と C_2 を定数として

$$x(t) = C_1 t^\lambda + C_2 t^\lambda \log t$$

となる.

同様に特性方程式の解が二複素根 $\sigma \pm i\mu$ の場合は

$$y(\tau) = C_1 e^{\sigma\tau} \cos(\mu\tau) + C_2 e^{\sigma\tau} \sin(\mu\tau)$$

ゆえ

$$x(t) = C_1 t^\sigma \cos(\mu \log t) + C_2 t^\sigma \sin(\mu \log t)$$

となる.

注意 オイラーの方程式は初期時間 $t = 0$ での条件 (初期条件) では定数が定まらない.たとえば決定方程式の根が正の 2 実根の場合,解は

$$x(t) = C_1 t^{\lambda_1} + C_2 t^{\lambda_2}$$

であるが,いずれも $t = 0$ で $x(0) = 0$ となり定数を決定できない.このような点を特異点と呼び,このような解を微分方程式の特異解と呼ぶ.ちなみに $t > 0$

で条件を指定すれば未定定数は決定される.

非斉次方程式を解くにはこれら変換された微分方程式の基本解系を用いて定数変化法 (定理 4.5) を適用すればよい.

例 6.1 $t^2 x'' - tx' - 3x = \log t$ の一般解を求めよ.

決定方程式は $\lambda^2 - 2\lambda - 3 = 0$ ゆえ $\lambda = 3, -1$. したがって斉次方程式の一般解は

$$x(t) = C_1 t^3 + C_2 t^{-1}$$

である. 一方非斉次方程式の特解は $\tau = \log t$ により変換された方程式が

$$y'' - 2y' - 3y = \tau$$

であることから $\{e^{3\tau}, e^{-\tau}\}$ が基本解系となる. そのロンスキー行列は

$$W(\tau) = \begin{vmatrix} e^{3\tau} & e^{-\tau} \\ 3e^{3\tau} & -e^{-\tau} \end{vmatrix} = -4e^{2\tau}$$

なので定理 4.5 より

$$\begin{aligned}
\eta(\tau) &= \frac{1}{4}e^{3\tau}\int_0^\tau \frac{e^{-\sigma}\sigma}{e^{2\sigma}}d\sigma - \frac{1}{4}e^{-\tau}\int_0^\tau \frac{e^{3\sigma}\sigma}{e^{2\sigma}}d\sigma \\
&= \frac{e^{3\tau}}{4}\left(-\frac{1}{3}\tau e^{-3\tau} - \frac{1}{9}e^{-3\tau} + \frac{1}{9}\right) - \frac{e^{-\tau}}{4}(\tau e^\tau - e^\tau + 1) \\
&= -\frac{\tau}{12} - \frac{1}{36} - \frac{\tau}{4} + \frac{1}{4} + \frac{e^{3\tau}}{36} - \frac{e^{-\tau}}{4} \\
&= -\frac{\tau}{3} + \frac{2}{9} + \frac{e^{3\tau}}{36} - \frac{e^{-\tau}}{4}.
\end{aligned}$$

よって

$$\eta(t) = -\frac{1}{3}\log t + \frac{2}{9} + \frac{t^3}{36} - \frac{1}{4t}.$$

とくにもとの方程式の特解は

$$\eta(t) = -\frac{1}{3}\log t + \frac{2}{9}$$

であり, その一般解は

$$x(t) = C_1 t^3 + C_2 t^{-1} - \frac{1}{3}\log t + \frac{2}{9}.$$

以上の解法を変換せずに直接行う方法もある. たとえば決定方程式から基本解系が t^{λ_1} と t^{λ_2} であることが直ちにわかった場合, 定数変化法 (定理 4.5) から

特解を求めることが可能である. 実際, 上の例ではロンスキアン $W(t)$ は

$$W(t) = \begin{vmatrix} t^3 & t^{-1} \\ 3t^2 & -t^{-2} \end{vmatrix} = -t - 3t = -4t$$

なので定理 4.5 より

$$
\begin{aligned}
\eta(\tau) &= \frac{1}{4}t^3 \int_1^t \frac{s^{-1}s^{-2}\log s}{s}ds - \frac{1}{4}t^{-1}\int_1^t \frac{s^3 s^{-2}\log s}{s}ds \\
&= \frac{1}{4}t^3 \int_1^t \frac{\log s}{s^4}ds - \frac{1}{4t}\int_1^t \log s\, ds \\
&= \frac{1}{4}t^3 \int_1^t \left(-\frac{1}{3}s^{-3}\right)'\log s\, ds - \frac{1}{4t}\Big[s\log s - s\Big]_1^t \\
&= \frac{1}{4}t^3 \left(\Big[-\frac{1}{3}s^{-3}\log s\Big]_1^t + \frac{1}{3}\int_1^t s^{-4}ds\right) - \frac{1}{4}\log t + \frac{1}{4} - \frac{1}{4t} \\
&= -\frac{1}{12}\log t - \frac{1}{12}t^3\Big[\frac{s^{-3}}{3}\Big]_1^t - \frac{1}{4}\log t + \frac{1}{4} - \frac{1}{4t} \\
&= -\frac{1}{12}\log t - \frac{1}{36} + \frac{1}{36}t^3 - \frac{1}{4}\log t + \frac{1}{4} - \frac{1}{4t} \\
&= -\frac{1}{3}\log t + \frac{8}{36} + \frac{t^3}{36} - \frac{1}{4t} \\
&= -\frac{1}{3}\log t + \frac{2}{9} + \frac{t^3}{36} - \frac{1}{4t}.
\end{aligned}
$$

ここで積分範囲は $[0, t]$ ではなくて $[1, t]$ としたが特解を求めるには 0 以外の定数で構わない (斉次方程式の基本解系の定数が変わるだけである).

問題 6.1 次の微分方程式の一般解を $t > 0$ の範囲で求めよ.

(i) $t^2 x'' - 5tx' + 9x = 0$.

(ii) $2t^2 x'' - 5tx' + 4x = 0$.

(iii) $t^2 x'' + 7tx' + 9x = 2t^{-3}$.

6.2 正則係数の微分方程式

複素変数の関数 $u(z)$ が複素変数 z で微分できるとき関数 $u(z)$ は正則であるといった [*1]. この節では, 変数が複素数 z である複素変数の微分方程式を考える. 正則関数 $u(z)$ は z について何回でも微分できて, 特に正則な点のまわり

[*1] この節では複素関数論の初等的な知識が必要である.

66 6. 微分方程式の級数解法

でテイラー級数に展開できる. このことを用いて, 微分方程式が正則な係数関数をもつような場合に解を級数の形で求めたい.

いま, $z \in \mathbb{C}$ とし $D = \{z \in \mathbb{C} : |z - z_0| < r\}$ を複素平面内の中心 z_0 半径 r の円盤内とする. D 上で正則な複素数値関数 $p(z)$ と $q(z)$ を係数とする微分方程式の初期値問題を考える.

$$\begin{cases} \dfrac{d^2u(z)}{dz^2} + p(z)\dfrac{du(z)}{dz} + q(z)u(z) = 0, & z \in D, \\ u(z_0) = u_0, \quad u(z_0) = u_1, \quad u_1, u_2 \in \mathbb{C}. \end{cases}$$

ここでは上の微分方程式の正則な解を求めたい. 正則な解を考えるのは解 $u(z)$ を級数 (テイラー級数) の形で求めたいためである. 一般に実変数の関数は, 微分できるからといって無限級数の形で表せるとは限らない. しかし複素変数の範囲で微分できる正則関数を用いると, こうしたことが自由に扱えるようになる.

ここで目標とするのは以下の定理である.

定理 6.1 与えられた D 上で正則な二つの複素数値関数 $p(z)$ と $q(z)$ に対して

$$\begin{cases} \dfrac{d^2u(z)}{dz^2} + p(z)\dfrac{du(z)}{dz} + q(z)u(z) = 0, & z \in D, \\ u(z_0) = u_0, \quad u(z_0) = u_1, \quad u_1, u_2 \in \mathbb{C} \end{cases} \tag{6.1}$$

の正則な解 $u(z)$ が D 上で存在して一意である.

方程式 (6.1) を解く代わりに次のやや簡単な微分方程式を考える.

$$\begin{cases} \dfrac{d^2w(z)}{dz^2} + P(z)w(z) = 0, & z \in D, \\ w(z_0) = w_0, \quad w(z_0) = w_1, \quad w_1, w_2 \in \mathbb{C}. \end{cases} \tag{6.2}$$

問題 6.2 次の変換

$$u(z) = w(z) \exp\left\{ -\frac{1}{2} \int_{z_0}^z p(\zeta)d\zeta \right\}$$

によって (6.1) の正則な解が (6.2) の方程式の解となることを示し $P(z)$ と w_0 w_1 を $p(z)$ $q(z)$ u_0 u_1 で表せ.

ピカールの逐次近似法をまねて以下の近似解の列を考える.

$$w_n(z) = w_0(z) + \int_{z_0}^z (\zeta - z)P(\zeta)w_{n-1}(\zeta)d\zeta,$$

$$w_0(z) = w_0 + w_1(z - z_0).$$

問題 6.3 このとき次の評価が成り立つことを示せ. 任意の m, n, $m > n$ に対して

$$|w_m(z) - w_n(z)| \le \sum_{k=n+1}^m N(2M)^k \frac{|z - z_0|^{2k}}{k!} \le N \sum_{k=n+1}^m M^k \frac{r^{2k}}{k!}, \quad (6.3)$$

$$|w_n(z)| \le N \sum_{k=0}^n \frac{(Mr^2)^k}{k!}. \tag{6.4}$$

ただし $N \equiv \sup_{z \in D} |w_0(z)|$, $M \equiv \sup_{z \in D} |P(z)|$ である.

評価式 (6.3), (6.4) によって $\sum_{n=0}^{\infty} w_n(z)$ は D 上で一様収束し, 正則関数列の一様収束極限に関するモンテルの定理 [*2)] によって極限 $w(z)$ は D 上で正則関数となる. 解の一意性は一致の定理によって得られる. □

6.3 級 数 解 法

上記の定理の証明で用いたのは方程式の解が

$$w(z) = \sum_{n=0}^{\infty} a_n z^n$$

の形で得られるということである. これを具体的な微分方程式に当てはめて考えてみる.

例 6.2 $w(z)$ が正則な解であるとして微分方程式

$$\begin{cases} \dfrac{d^2 w(z)}{dz^2} + w(z) = z, \quad z \in D_1 = \{z \in \mathbb{C} : |z| < 1\}, \\ w(0) = z_0, \quad w'(0) = z_1, \quad u_0, u_1 \in \mathbb{C} \end{cases} \tag{6.5}$$

をべき級数解法で解け.

係数 $P(z) = 1$ が正則ゆえ定理 6.1 より正則な一意解が存在する. そこで解が

[*2)] 正則関数列 $\{f_n(z)\}$ がある複素領域 $D \subset \mathbb{C}$ 上で一様収束すれば, その極限関数は正則関数となる. コーシーの積分公式の積分と極限を交換することによって得られる.

$$w(z) = \sum_{n=0}^{\infty} a_n z^n$$

とかけると仮定してよい．ただし $a_n \in \mathbb{C}$ である．正則な関数に収束する級数は形式的に項別に微分することが許されるから，方程式から

$$\sum_{n=2}^{\infty} n(n-1)a_n z^{n-2} + \sum_{n=0}^{\infty} a_n z^n = z$$

を得る．一方初期条件から

$$a_0 = u_0, \quad a_1 = u_1$$

を得る．前者は

$$\sum_{n=0}^{\infty} \{(n+2)(n+1)a_{n+2} + a_n\} z^n = z$$

を意味するから係数に対してその関係を表す漸化式

$$(n+2)(n+1)a_{n+2} + a_n = 0, \quad n \neq 1,$$

$$3 \cdot 2 a_3 + a_1 = 1,$$

$$a_0 = u_0, \quad a_1 = u_1$$

を得てその一般項が求められる．いま簡単のために $u_0 = 0$ とおくと

$$a_{2k} = 0, \quad k = 1, 2, \cdots$$

であり

$$a_{2k+1} = -\frac{a_{2k-1}}{(2k+1)2k}$$

から

$$a_{2k+1} = \frac{(-1)^{k-1} 3! a_3}{(2k+1)!} = \frac{(1)^k (a_1 - 1)}{(2k+1)!}, \quad k = 1, 2, \cdots.$$

よって解 $w(z)$ は

$$\begin{aligned} w(z) &= u_1 z + \sum_{k=1}^{\infty} \frac{(-1)^k (u_1 - 1)}{(2k+1)!} z^{2k+1} \\ &= z + \sum_{k=0}^{\infty} \frac{(-1)^k (u_1 - 1)}{(2k+1)!} z^{2k+1} \qquad (6.6) \\ &= z + (u_1 - 1) \sin z \end{aligned}$$

で与えられる．

問題 6.4 上の例で $u_1 = 0$ として $u_0 \neq 0$ の場合の解を求めて u_0 と u_1 がともに 0 とならない場合の解を u_0 と u_1 で表せ．

6.4　フックス型と確定特異点

　前節で扱ったのは問題は係数が，ある点 z_0 のまわりで正則な場合であったが，たとえばオイラーの方程式は $t = 0$ のまわりで考えると係数が正則ではない．これを複素変数の微分方程式の場合に考えてみる．このような特異点のまわりでも，複素関数論では級数展開が可能な例を与える．いわゆるローラン展開 (the Laurent expansion) がそれであった．いま再び

$$\begin{cases} \dfrac{d^2u(z)}{dz^2} + P(z)\dfrac{du(z)}{dz} + Q(z)u(z) = 0, \quad z \in D, \\ u(z_0) = u_0, \quad u(z_0) = u_1, \quad u_1, u_2 \in \mathbb{C} \end{cases} \tag{6.7}$$

を考えることにする．

定義　与えられた関数 $P(z)$ と $Q(z)$ が $z = z_0$ でそれぞれ高々 1 位の極および 2 位の極しかもたないとき，すなわちより具体的に $p(z), q(z)$ が

$$\begin{aligned} P(z) &= \sum_{n=-1}^{\infty} p_n(z - z_0)^n, \\ Q(z) &= \sum_{n=-2}^{\infty} q_n(z - z_0)^n \end{aligned} \tag{6.8}$$

と表せ，p_{-1} または q_{-2} の少なくとも一方が 0 でないとき，式 (6.7) の形の微分方程式をフックス型 (Fuchs type) の微分方程式と呼び特異点 z_0 を確定特異点と呼ぶ．

　簡単のため $z_0 = 0$ が確定特異点の場合を考える．(6.7) 式に z^2 をかけると

$$\begin{cases} z^2\dfrac{d^2u(z)}{dz^2} + zP(z)z\dfrac{du(z)}{dz} + z^2Q(z)u(z) = 0, \quad z \in D, \\ u(0) = u_0, \quad u'(0) = u_1, \quad u_1, u_2 \in \mathbb{C} \end{cases}$$

であるが，これはオイラーの方程式と類似の形をしている．そこで変換 $\zeta = \log z$ を施せば $w(\zeta) = u(z)$ に対して前と同じようにして

$$\begin{cases} \dfrac{d^2w(\zeta)}{d\zeta^2} + (e^{\zeta}P(e^{\zeta}) - 1)\dfrac{dw(\zeta)}{d\zeta} + e^{2\zeta}Q(e^{\zeta})w(\zeta) = 0, \quad \zeta \in \tilde{D}, \\ w(0) = u_0, \quad w'(0) = u_1, \quad u_1, u_2 \in \mathbb{C} \end{cases} \tag{6.9}$$

を得る．$z = 0$ が確定特異点であるための仮定 (6.8) より $zP(z)$ も $z^2Q(z)$ もともに z について正則．したがって変換された $\tilde{P}(\zeta) \equiv (e^{\zeta}P(e^{\zeta}) - 1)$ も

$\tilde{Q}(\zeta) \equiv e^{2\zeta} Q(e^{\zeta})$ も ζ について正則な関数となる. 定理 6.1 より正則解 $w(\zeta)$ が存在する. いまそれぞれの係数の第一項目を取り出して並べると

$$\frac{d^2 w(\zeta)}{d\zeta^2} + (p_{-1} - 1)\frac{dw(\zeta)}{d\zeta} + q_{-2} w(\zeta) = 0, \quad \zeta \in \tilde{D} \qquad (6.10)$$

となり, これはオイラーの方程式である. その解は特性方程式

$$\lambda(\lambda - 1) + p_{-1}\lambda + q_{-2} = 0 \qquad (6.11)$$

の根 λ_1 と λ_2 によって

$$w(\zeta) = C_1 e^{\lambda_1 \zeta} + C_2 e^{\lambda_2 \zeta}$$

で与えられる. 元の方程式に戻れば

$$u(z) = C_1 z^{\lambda_1} + C_2 z^{\lambda_2}$$

を得たことになる. もっとも式 (6.10) は元の方程式を簡単にして, 係数を定数化しているので, これらが解になるわけではなく係数関数 $P(z)$ $Q(z)$ の z についての高次の項の影響をみなければ解は求まらない. これらの状況から解が次の級数の形で求められると予想して話を進める.

$$u(z) = \sum_{n=0}^{\infty} a_n z^{n+\lambda}.$$

まず

$$\frac{du}{dz} = \sum_{n=0}^{\infty} (n+\lambda) a_n z^{n+\lambda-1},$$

$$\frac{d^2 u}{dz^2} = \sum_{n=0}^{\infty} (n+\lambda)(n+\lambda-1) a_n z^{n+\lambda-2},$$

$$zP(z) = \sum_{n=0}^{\infty} p_{n-1} z^n, \quad z^2 Q(z) = \sum_{n=0}^{\infty} q_{n-2} z^n$$

であるから方程式に代入して

$$z^2 \sum_{n=0}^{\infty} (n+\lambda)(n+\lambda-1) a_n z^{n+\lambda-2} + \sum_{n=0}^{\infty} p_{n-1} z^n \cdot z \sum_{n=0}^{\infty} (n+\lambda) a_n z^{n+\lambda-1}$$

$$+ \sum_{n=0}^{\infty} q_{n-2} z^n \sum_{n=0}^{\infty} a_n z^{n+\lambda} = 0.$$

整理して

$$\sum_{n=0}^{\infty} (n+\lambda)(n+\lambda-1) a_n z^{n+\lambda} + \sum_{n=0}^{\infty} p_{n-1} z^n \sum_{n=0}^{\infty} (n+\lambda) a_n z^{n+\lambda}$$

$$+ \sum_{n=0}^{\infty} q_{n-2} z^n \sum_{n=0}^{\infty} a_n z^{n+\lambda} = 0.$$

z の次数をそろえて係数を比較すると

$$\sum_{n=0}^{\infty}(n+\lambda)(n+\lambda-1)a_n z^{n+\lambda} + \sum_{n=0}^{\infty}\sum_{l=0}^{\infty}\{p_{l-1}(n+\lambda)a_n + q_{l-2}a_n\}z^{l+n+\lambda} = 0.$$

$l=0,\ n=0$ の項の係数を比較することにより

$$\lambda(\lambda-1) + p_{-1}\lambda + q_{-2} = 0$$

を得る．これは係数を定数と見なしたときの特性方程式に他ならない．この方程式を式 (6.7) の**決定方程式**と呼ぶ．これにより可能な λ の値が決定される．次に (6.4) から ($l=n-k,\ n=k$ とおいて)

$$\sum_{n=0}^{\infty}(n+\lambda)(n+\lambda-1)a_n z^{n+\lambda} + \sum_{n=0}^{\infty}\sum_{k=0}^{n}\{p_{n-k-1}(k+\lambda)a_k + q_{n-k-2}a_k\}z^{n+\lambda}$$
$$= 0.$$

すなわち a_n に対する漸化式

$$(n+\lambda)(n+\lambda-1)a_n + \sum_{k=0}^{n}\{p_{n-k-1}(k+\lambda)a_k + q_{n-k-2}a_k\} = 0$$

を得て，係数 a_n を帰納的に $p_k,\ q_k$ および λ によって

$$((n+\lambda)(n+\lambda-1) + p_{-1}(n+\lambda) + q_{-2})a_n$$
$$= -\sum_{k=0}^{n-1}\{p_{n-k-1}(k+\lambda)a_k + q_{n-k-2}a_k\}$$

で定めることができる．ここで左辺を $I(n+\lambda)a_n$ とおくことにする．またこのようにして決定される係数 a_n は決定方程式の根 λ に依存するので $a_n = a_n(\lambda)$ とおく．

以下，証明なしで結果だけ列挙すると以下のようである．

定理 6.2　$z=0$ が確定特異点であるようなフックス型微分方程式

$$\frac{d^2u(z)}{dz^2} + P(z)\frac{du(z)}{dz} + Q(z)u(z) = 0, \quad z \in D \qquad (6.12)$$

に対して

(i) 決定方程式 $I(\lambda)=0$ の 2 根の差 $\lambda_1 - \lambda_2$ が整数でない場合．n がいかなる整数でも $I(n+\lambda_1)\,I(n+\lambda_2)$ が 0 にならないことから各 a_n が帰納的に定まり，それにより解が $u_1(z) = z^{\lambda_1}\sum_{n=0}^{\infty}a_n(\lambda_1)z^n$, $u_2(z) = z^{\lambda_2}\sum_{n=0}^{\infty}a_n(\lambda_2)z^n$ と定まる．

(ii) 決定方程式の根が重根のとき，すなわち $\lambda_1 = \lambda_2 = \lambda$ の場合．一

方の解は $u_1(z) = z^\lambda \sum_{n=0}^{\infty} a_n(\lambda)z^n$, 他方は $u_2(z) = u_1(z)\log z + \sum_{n=0}^{\infty} b_n(\lambda)z^n$ で与えられる.

(iii) 決定方程式の根の差が整数のときすなわち $\lambda_1 - \lambda_2 = l$ の場合. 一方の解は $u_1(z) = z^{\lambda_1} \sum_{n=0}^{\infty} a_n(\lambda_1)z^n$, 他方は $u_2(z) = u_1(z)\log z + z^{\lambda_2} \sum_{n=0}^{\infty} b_n(\lambda_2)z^n$ あるいは $u_2(z) = z^{\lambda_2} \sum_{n=0}^{\infty} b_n z^n$ のいずれかで与えられる.

例 6.3 微分方程式

$$\frac{d^2u(z)}{dz^2} + \left(1 + \frac{1}{2z}\right)\frac{du(z)}{dz} + \frac{1}{z}u(z) = 0$$

を $z = 0$ のまわりで解け.

$z = 0$ は確定特異点である. それぞれの係数は $p_{-1} = \frac{1}{2}$, $q_{-2} = 0$ であるから決定方程式は

$$\lambda(\lambda - 1) + \frac{1}{2}\lambda = 0.$$

したがって $\lambda^2 - \frac{1}{2}\lambda = 0$ から $\lambda = 0$ と $\lambda = \frac{1}{2}$ が根. これらの差は整数ではないので基本解は

$$u_1(z) = \sum_{n=0}^{\infty} a_n(0)z^n,$$

$$u_2(z) = \sum_{n=0}^{\infty} a_n(1/2)z^{n+1/2}$$

と推定される. それぞれの係数を方程式に代入して求めることにする. 級数型の形式解 $\sum_{n=0}^{\infty} a_n(\lambda)z^{n+\lambda}$ を方程式に代入することにより

$$z^2 \sum_{n=0}^{\infty}(n+\lambda)(n+\lambda-1)a_n(\lambda)z^{n+\lambda-2}$$
$$+ \left(z^2 + \frac{z}{2}\right)\sum_{n=0}^{\infty}(n+\lambda)a_n(\lambda)z^{n+\lambda-1} + z\sum_{n=0}^{\infty} a_n(\lambda)z^{n+\lambda} = 0,$$

$$\sum_{n=0}^{\infty}(n+\lambda)(n+\lambda-1)a_n(\lambda)z^{n+\lambda} + \sum_{n=0}^{\infty}(n+\lambda)a_n(\lambda)z^{n+\lambda+1}$$
$$+ \frac{1}{2}\sum_{n=0}^{\infty}(n+\lambda)a_n(\lambda)z^{n+\lambda} + \sum_{n=0}^{\infty} a_n(\lambda)z^{n+\lambda+1} = 0.$$

これを整理して

$$\left(\lambda(\lambda-1)+\frac{1}{2}\lambda\right)z^\lambda$$

$$+\sum_{n=1}^\infty \{(n+\lambda)(n+\lambda-1)a_n(\lambda)+(n+\lambda-1)a_{n-1}(\lambda)$$

$$+\frac{1}{2}(n+\lambda)a_n(\lambda)+a_{n-1}(\lambda)\}z^{n+\lambda}$$

$$=\left(\lambda^2-\frac{1}{2}\lambda\right)z^\lambda$$

$$+\sum_{n=1}^\infty\left\{(n+\lambda)\left(n+\lambda-\frac{1}{2}\right)a_n(\lambda)+(n+\lambda)a_{n-1}(\lambda)\right\}z^{n+\lambda}$$

$$=0.$$

第一項目を 0 とおけば決定方程式が得られ，残りが係数に関する漸化式を与える．

$$\left(n+\lambda-\frac{1}{2}\right)a_n(\lambda)=-a_{n-1}(\lambda)\quad n=1,2,\cdots.$$

(i) $\lambda=1/2$ のとき

$$a_n(1/2)=-\frac{1}{n}a_{n-1}(1/2)$$

より

$$a_n(1/2)=\frac{(-1)^n}{n!}a_0(1/2).$$

したがって解は

$$u_1(z)=a_0(1/2)\sum_{n=0}^\infty\frac{(-1)^n}{n!}z^{n+1/2}.$$

(ii) $\lambda=0$ のとき

$$a_n(0)=-\frac{1}{n-\frac{1}{2}}a_{n-1}(0)=-\frac{2}{2n-1}a_{n-1}(0)$$

より

$$a_n(0)=\frac{(-1)^n2^n}{(2n-1)!!}a_0(0)=\frac{(-1)^n2^n2^nn!}{(2n)!}a_0(0).$$

したがって解は

$$u_2(z)=a_0(0)\sum_{n=0}^\infty\frac{(-1)^n4^nn!}{(2n)!}z^n.$$

以上により一般解は

$$u(z)=C_1\sum_{n=0}^\infty\frac{(-1)^n}{n!}z^{n+1/2}+C_2\sum_{n=0}^\infty\frac{(-1)^n4^nn!}{(2n)!}z^n$$

で与えられる．

問題 6.5 微分方程式

$$\frac{d^2 u(z)}{dz^2} + \frac{1}{z}\frac{du(z)}{dz} + u(z) = 0$$

を $z = 0$ のまわりで解け.

6.5 ベッセルの微分方程式

この節では,確定特異点をもつ様々な微分方程式のうち,特別な例を取り上げてその級数解の構成を議論する.

ベッセルの微分方程式 (Bessel's differencial equation)
$$z^2\frac{d^2 u(z)}{dz^2} + z\frac{du(z)}{dz} + (z - \nu^2)u(z) = 0$$

ベッセルの微分方程式はフックス型であり $z = 0$ で確定特異点をもつ.実際方程式の両辺を z^2 で割って
$$\frac{d^2 u(z)}{dz^2} + \frac{1}{z}\frac{du(z)}{dz} + \left(1 - \frac{\nu^2}{z^2}\right)u(z) = 0$$
とおくと,第二項の係数が 1 位の極を,第三項が 2 位の極をもつことは明らかであり

$$p_{-1} = 1, \quad p_k = 0 \ (k = 0, 1, 2, \cdots),$$
$$q_{-2} = -\nu^2, \quad q_0 = 1, \quad q_k = 0 \ (k = -1, 1, 2, \cdots)$$

となる.この微分方程式の級数解を求める.
$$u(z) = \sum_{n=0}^{\infty} a_n z^{n+\lambda}$$
とおいて方程式に代入する.

$$z\frac{du}{dz} = z\sum_{n=0}^{\infty}(n+\lambda)a_n z^{n+\lambda-1} = \sum_{n=0}^{\infty}(n+\lambda)a_n z^{n+\lambda},$$

$$z^2\frac{d^2 u}{dz^2} = z^2\sum_{n=0}^{\infty}(n+\lambda)(n+\lambda-1)a_n z^{n+\lambda-2}$$

$$= \sum_{n=0}^{\infty}(n+\lambda)(n+\lambda-1)a_n z^{n+\lambda},$$

$$(z^2 - \nu^2)u = \sum_{n=0}^{\infty}(z^2 - \nu^2)a_n z^{n+\lambda} = \sum_{n=2}^{\infty}a_{n-2}z^{n+\lambda} - \sum_{n=0}^{\infty}\nu^2 a_n z^{n+\lambda}.$$

辺々加えて方程式から

$$0 = \sum_{n=2}^{\infty} \left[\{(n+\lambda)(n+\lambda-1) + (n+\lambda) - \nu^2\}a_n + a_{n-2} \right] z^{n+\lambda}$$
$$+ \{(1+\lambda)\lambda + (1+\lambda) - \nu^2\}a_1 z^{1+\lambda} + \{\lambda(\lambda-1) + \lambda - \nu^2\}a_0 z^{\lambda}.$$

ここでこの等式がすべての z について成立するためには各 $z^{n+\lambda}$ の係数が 0 とならねばならない. 特に z^{λ} の係数は一般に

$$I(\lambda) = \lambda(\lambda-1) + p_{-1}\lambda + q_{-2} = 0$$

と表される. これをフックス型微分方程式の**決定方程式**という. いまの場合は $p_{-1} = 0$ $q_{-2} = -\nu^2$ だから

$$I(\lambda) = \lambda(\lambda-1) + \lambda - \nu^2 = \lambda^2 - \nu^2 = 0$$

となっているわけで $\lambda = \pm\nu$ を得る. よって (定理 6.2 から)

$$u_1(z) = \sum_{n=0}^{\infty} a_n z^{\nu+n},$$
$$u_2(z) = \sum_{n=0}^{\infty} b_n z^{-\nu+n}$$

という形の解をもつことが予想できる. $u_1(z)$ の形の解を求めることにすると, 係数を決定する式は $p_{-1} = 1$, $q_{-2} = -\nu^2$ と $z^{1+\lambda}$ の係数から

$$\{(1+\lambda)^2 - \nu^2\}a_1 = 0$$

を得る. さらに一般に

$$\{(n+\lambda)(n+\lambda-1) + (n+\lambda) - \nu^2\}a_n + a_{n-2} = 0, \qquad n = 2, 3, \cdots.$$

すなわち

$$\{(n+\lambda)^2 - \nu^2\}a_n + a_{n-2} = 0.$$

これより $\lambda^2 - \nu^2$ に注意して

$$a_n = -\frac{1}{(n+\lambda)^2 - \nu^2}a_{n-2} = -\frac{1}{n^2 + 2\nu n}a_{n-2}$$

という漸化式を得る.

(1) ν が整数でも半整数でもないとき. このとき二つの根の差 2ν は整数とはならない. $z^{1+\lambda}$ の係数を 0 とおいて $\lambda = \pm\nu$ に注意すると

$$\{(1+\lambda)^2 - \nu^2\}a_1 = (\pm 2\nu + 1)a_1 = 0.$$

ν が半整数でないと仮定しているので, $a_1 = 0$ でなければならない.

$$a_1 = 0,$$

$$a_n = -\frac{1}{(2\nu + n)n}a_{n-2}.$$

この漸化式から，ν が半整数 (整数) でないので $\nu(2\nu + n)$ は 0 とはならないから

$$a_1 = a_3 = a_5 = \cdots = 0,$$

$$a_{2k} = -\frac{1}{2k(2\nu + 2k)}a_{2(k-1)}, \quad n = 2k.$$

ことに

$$a_{2k} = -\frac{(-1)^{k+1}}{2^{2k}k!(\nu + 1)(\nu + 2)\cdots(\nu + k)}a_0.$$

したがって

$$u_1(z) = z^\nu \sum_{k=0}^{\infty} \frac{(-1)^k}{k!(\nu + 1)(\nu + 2)\cdots(\nu + k)}\left(\frac{z}{2}\right)^{2k}.$$

ことに特別な初期係数 a_0 を

$$a_0 = \frac{1}{2^\nu \Gamma(\nu + 1)}$$

と選ぶと

$$J_\nu(z) = \sum_{k=0}^{\infty} \frac{(-1)^k}{k!\Gamma(k + \nu + 1)}\left(\frac{z}{2}\right)^{2k+\nu}$$

となる．これはあとから定数を調整することにより一般性を失わないので，これを一方の基本解として採用できる．これと同様に得られる

$$J_{-\nu}(z) = \sum_{k=0}^{\infty} \frac{(-1)^k}{k!\Gamma(k - \nu + 1)}\left(\frac{z}{2}\right)^{2k-\nu}$$

を第一種ベッセル関数と呼ぶ．この場合のベッセルの微分方程式の一般解は

$$u(z) = C_1 J_\nu(z) + C_2 J_{-\nu}(z)$$

で与えられる (章末問題参照)．

(2) 重根のとき．すなわち $\nu = 0$ である．前と同一の議論で一方の解は $J_0(z)$ で与えられる．

$$J_0(z) = \sum_{k=0}^{\infty} \frac{(-1)^k}{k!\Gamma(k + 1)}\left(\frac{z}{2}\right)^{2k}.$$

もう一方の解を見いだすのには，解が

$$u_2(z) = \sum_{n=0}^{\infty} a_k(\lambda)z^{n+\lambda}$$

の形をしていると想定して方程式に代入する．このとき得られる決定方程式は，

前と同様で

$$(n + \lambda)^2 a_n + a_{n-2} = 0, \quad a_1 = 0$$

となることに注意する．これから各係数は

$$a_1 = a_3 = a_5 = \cdots = 0,$$
$$a_{2k} = \frac{(-1)^k}{(\lambda + 2)^2 (\lambda + 4)^2 \cdots (\lambda + 2k)^2} a_0$$

となる．さて項の形の関数は方程式を満たさないが，上の関係式に注意して $a_1 = 0$ を用いると

$$z^2 \frac{d^2}{dz^2} u_2 + z \frac{d}{dz} u_2 + (z^2 - \nu^2) u_2$$
$$= \sum_{n=2}^{\infty} [\{(n+\lambda)(n+\lambda-1) + (n+\lambda)\} a_n + a_{n-2}] z^{n+\lambda}$$
$$+ (1+\lambda)^2 a_1 z^{1+\lambda} + \lambda^2 a_0 z^{\lambda}$$
$$= a_0 \lambda^2 z^{\lambda}.$$

これを λ で偏微分することにより

$$z^2 \frac{d^2}{dz^2} (\partial_\lambda u_2) + z \frac{d}{dz} (\partial_\lambda u_2) + (z^2 - \nu^2)(\partial_\lambda u_2) = a_0 \lambda (2 + \lambda \log z) z^{\lambda}.$$

$\lambda \to 0$ とすると右辺は 0 となり $\lim_{\lambda \to 0} \partial_\lambda u_2$ が元のベッセルの方程式を満たすことがわかる．ところで $u_2(z) = \sum_{n=0}^{\infty} a_k z^{n+\lambda}$ の各係数 a_n は λ に依存しているので

$$\lim_{\lambda \to 0} \frac{\partial}{\partial \lambda} \sum_{n=0}^{\infty} a_n z^{n+\lambda} = \lim_{\lambda \to 0} \left(\log z \sum_{n=0}^{\infty} a_n z^{n+\lambda} + \sum_{n=0}^{\infty} \frac{\partial a_n}{\partial \lambda} z^{n+\lambda} \right)$$
$$= J_0(z) \log z + \sum_{n=0}^{\infty} \lim_{\lambda \to 0} \frac{\partial a_n}{\partial \lambda} z^n.$$

いま

$$a_{2k} = \frac{(-1)^k}{(\lambda + 2)^2 (\lambda + 4)^2 \cdots (\lambda + 2k)^2}$$

に注意して

$$\frac{\partial a_{2k}}{\partial \lambda} = -\frac{2(-1)^k}{(\lambda + 2)} \prod_{l=1}^{k} \frac{1}{(\lambda + 2l)^2} - \frac{2(-1)^k}{(\lambda + 4)} \prod_{l=1}^{k} \frac{1}{(\lambda + 2l)^2}$$
$$- \cdots - \frac{2(-1)^k}{(\lambda + 2k)} \prod_{l=1}^{k} \frac{1}{(\lambda + 2l)^2}$$

であるから

$$\lim_{\lambda \to 0} \frac{\partial a_{2k}}{\partial \lambda} = -\lim_{\lambda \to 0}(-1)^k \prod_{l=1}^{k} \frac{1}{(\lambda+2l)^2} \sum_{l=1}^{k} \frac{2}{(\lambda+2l)} = -\frac{(-1)^k}{2^{2k}(k!)^2} \sum_{l=1}^{k} \frac{1}{l}$$

を得る．したがって求める解は

$$u_2(z) = J_0(z) \log z - \sum_{k=1}^{\infty} \frac{(-1)^k}{(k!)^2} \sum_{l=1}^{k} \frac{1}{l} \left(\frac{z}{2}\right)^{2k}$$

で与えられる．これは通常 $Y_0(z)$ と書かれて

$$Y_0(z) = \log z \sum_{k=0}^{\infty} \frac{(-1)^k}{(k!)^2} \left(\frac{z}{2}\right)^{2k} - \sum_{k=1}^{\infty} \frac{(-1)^k}{(k!)^2} \sum_{l=1}^{k} \frac{1}{l} \left(\frac{z}{2}\right)^{2k}$$

$$= \sum_{k=0}^{\infty} \frac{(-1)^k}{(k!)^2} \left(\log z - \sum_{l=1}^{k} \frac{1}{l}\right) \left(\frac{z}{2}\right)^{2k}$$

であり，これを第二種の **0 次ベッセル関数**と呼ぶ．この場合のベッセルの微分方程式の一般解は

$$u(z) = C_1 J_0(z) + C_2 Y_0(z)$$

で与えられる．

問題 6.6 n 変数のラプラシアン Δ を

$$\Delta = \sum_{k=1}^{n} \frac{\partial^2}{\partial x_k^2}$$

で定義する．$n = 3$ のときに方程式

$$-\Delta u - \lambda u = 0$$

の解 $u(x)$ を $x = (x_1, x_2, x_3) \in \mathbb{R}^3$ で考える．

(1) $u(x)$ が $r = |x|$ だけに依存すると仮定する．変数 r による微分方程式を求めよ．

(ヒント) ラプラシアンの極座標表示:

$$\Delta u = \frac{\partial^2}{\partial r^2}u + \frac{n-1}{r}\frac{\partial}{\partial r}u + \frac{1}{r^2 \sin\theta}\frac{\partial}{\partial \theta}\left(\frac{1}{\sin\theta}\frac{\partial}{\partial \theta}u\right) + \frac{1}{r^2 \sin\theta}\frac{\partial^2}{\partial \phi^2}u$$

を用いよ．

(2) $u(r)$ に対して $v(r) = r^{\frac{n-1}{2}} u(\sqrt{\lambda}r)$ とおいて，$v(r)$ の満たす方程式を求めよ．

演　習　問　題

6.1 次の微分方程式の一般解を $t > 0$ の範囲で求めよ．

（1） $t^2 x'' - 2tx' + 2x = 0.$

（2） $2t^2 x'' - 5tx' + 4x = 0.$

（3） $t^2 x'' + tx' + 4x = 0.$

（4） $t^2 x'' + 7tx' + 9x = t^{-2}.$

（5） $t^2 x'' - 3tx' + 5x = t^2 \log t.$

6.2 次の微分方程式の一般解 $u = u(z)$ が z について解析的であるとして，級数解法により求めよ．

（1） $u'' + zu = 0.$

（2） $u''' - zu' - 2u = 0.$

6.3 微分方程式

$$u'' + \frac{2}{z}u' + u = 0$$

の確定特異点 $z = 0$ のまわりの独立な級数解を求めよ．

6.4 ベッセル関数 J_ν と Y_ν について以下の問いに答えよ．

（1） ν が整数でないとき $J_\nu(z)$ と $J_{-\nu}(z)$ が 1 次独立であることを示せ．

（2） n を整数とするとき $J_n(z) = (-1)^n J_{-n}(z)$ を示せ．

（3） $J_n(z), Y_n(z) = \lim_{\nu \to n} Y_\nu(z)$ は n 次ベッセル微分方程式の基本解系であることを示せ．

（4） $J_{1/2}(z) = \sqrt{\frac{2}{\pi z}} \sin z$ を示せ．

（5） $J_{-1/2}(z) = \sqrt{\frac{2}{\pi z}} \cos z$ を示せ．

6.5 n を整数として

$$u'' - zu' + nu = 0$$

の級数解 $u(z) = H_n(z)$ を求めよ．

第7章

ラプラス変換とその応用

CHAPTER 7

　本章ではラプラス変換とその応用として微分方程式の解法を解説する．ラプラス変換は別名演算子法とも呼ばれ，微分方程式の組織的な解法の一つであり，定数係数線形微分方程式の解法に有効な手法である．$(0, \infty)$ 上で与えられた関数 $f(t)$ に対してそのラプラス変換は

$$\tilde{f}(\tau) \equiv \int_0^\infty e^{-\tau t} f(t) dt$$

で定義され，変換後の関数 $\tilde{f}$ はパラメータ τ の関数となる．そのもっとも重要な性質は，関数の微分をラプラス変換することにより明らかになる．部分積分が可能であると仮定すると

$$\int_0^\infty e^{-\tau t} f'(t) dt = \left[e^{-\tau t} f(t) \right]_0^\infty - \int_0^\infty (-\tau) e^{-\tau t} f(t) dt$$
$$= \lim_{t \to \infty} (e^{-\tau t} f(t)) - f(0) + \tau \int_0^\infty e^{-\tau t} f(t) dt.$$

もし関数 $f(t)$ が $t \to \infty$ でさほど大きく増大しなければ，右辺第一項は指数の効果で消えてなくなり

$$\int_0^\infty e^{-\tau t} f'(t) dt = \tau \int_0^\infty e^{-\tau t} f(t) dt - f(0)$$

を得る．すなわち「関数の微分のラプラス変換」が「ラプラス変換に変数をかけたもの」−「関数の初期値」と表されるのである．このことはラプラス変換が「微分」を「多項式をかける」ということに変換することを意味し，微分方程式を解くためにはたいへん相性のよいことがわかる．

7.1　ラプラス変換の定義

まずラプラス変換を定義できる関数の種類を特定しておく．

7.1 ラプラス変換の定義　　　　81

定義　$[0, \infty)$ 上で定義された関数 $f(t)$ が指数増大度の関数であるとは，$f(t)$ が区分的に連続であって (積分可能であって)，ある定数 $M > 0$ と $\alpha > 0$ が存在して

$$|f(t)| \leq Me^{\alpha t}, \quad t \in [0, \infty) \tag{7.1}$$

が満たされるとき．

　たとえば $\sin x,\ e^x,\ \sinh x,$ 任意の n 次多項式 $p_n(x) = ax^n + bx^{n-1} + \cdots$ などは，すべて指数増大度の関数である．もちろん有界な関数は指数増大度をもつ．$(x-1)^{-1}$ は指数増大度をもつ関数ではない．指数増大度の関数は和，積について閉じており，それらの演算を行った結果もやはり指数増大度をもつ関数となる．

定義　$[0, \infty)$ 上で定義された指数増大度の関数 $f(t)$ に対して

$$\mathcal{L}[f](\tau) = \int_0^\infty e^{-\tau t} f(t) dt$$

を f のラプラス変換 (the Laplace transform) と呼ぶ．

　指数増大度をもつ関数 f に対しては指数増大度の条件 (7.1) に現れる α に対して $\tau < \alpha$ であればそのラプラス変換が存在する．

例 7.1　$f(t) = 1$ (定数) のラプラス変換は $\mathcal{L}[1](\tau) = \dfrac{1}{\tau}$.

例 7.2　$f(t) = e^{\alpha t}$ のラプラス変換は

$$\mathcal{L}[e^{\alpha t}](\tau) = \int_0^\infty e^{-\tau t} e^{\alpha t} dt = \left[\frac{1}{\alpha - \tau} e^{(\alpha - \tau)t} \right]_0^\infty = \frac{1}{\tau - \alpha}.$$

ただし $\tau > \alpha$.

例 7.3　$f(t) = \cos t$ のラプラス変換は

$$\mathcal{L}[\cos t](\tau) = \int_0^\infty e^{-\tau t} \cos t\, dt = \left[-\frac{1}{\tau} e^{-\tau t} \cos t \right]_0^\infty - \frac{1}{\tau} \int_0^\infty e^{-\tau t} \sin t\, dt$$

$$= \frac{1}{\tau} - \frac{1}{\tau} \left[-\frac{1}{\tau} e^{-\tau t} \sin t \right]_0^\infty - \frac{1}{\tau^2} \int_0^\infty e^{-\tau t} \cos t\, dt.$$

よって

$$\mathcal{L}[\cos t](\tau) = \frac{\tau}{1 + \tau^2}.$$

問題 7.1　次の関数のラプラス変換を求めよ．

(1)　$f(t) = \sin \alpha t$.

(2)　$f(t) = e^{at}\cos(bt)$.

(3)　$f(t) = t^n e^{at}$, ただし n は自然数.

(解答)　(i) $\dfrac{\alpha}{\tau^2 + \alpha^2}$, (ii) $\dfrac{\tau - a}{(\tau - a)^2 + b^2}$, (iii) $\dfrac{n!}{(\tau - a)^{n+1}}$.

問題 7.2　階段関数

$$H(t) = \begin{cases} 1, & t > 0, \\ \dfrac{1}{2}, & t = 0, \\ 0, & t < 0 \end{cases}$$

としたとき $H(t - a)$ のラプラス変換を求めよ (この関数をヘビサイドの階段関数 (Heviside's step function) と呼ぶ).

7.2　ラプラスの反転公式

ラプラス変換については次のことがいえる.

命題 7.1　$f(t)$ を指数増大度の関数とし, ラプラス変換 $\mathcal{L}[f](\tau)$ が定義できるものとする. このとき

　(1) 複素変数 $\zeta = \tau + i\sigma$ の半平面 $\tau > \alpha$ で $\mathcal{L}[f](\zeta)$ は正則である (複素数の意味で微分可能つまり何回でも微分可能).

　(2) $\sigma \to \pm\infty$ のとき $\mathcal{L}[f](\tau + i\sigma) = O(\sigma^{-1})$ である.

(命題 7.1 の証明)　(1) は正則関数の特異積分が一様かつ絶対収束すればまた正則関数となることによる. 直感的には

$$\mathcal{L}[f](\zeta) = \int_0^\infty e^{-\zeta t} f(t) dt$$

を ζ について微分したければ $e^{-\zeta t}$ を ζ について微分することとなり, それは指数関数が正則であることからいつでもできて, その結果が $[0, \infty)$ 上で積分できさえすればよいことと同じである.

　(2) はもし f が微分可能だとすると (7.1) より

$$\left| \mathcal{L}[f(t)](\tau + i\sigma) \right| = \left| \int_0^\infty \left(\frac{1}{\tau + i\sigma} e^{-(\tau + i\sigma)t} \right)' f(t) dt \right|$$

$$\leq \frac{1}{\sqrt{\tau^2 + \sigma^2}} \left| \int_0^\infty e^{-(\tau+i\sigma)t} f'(t)dt - f(0) \right|$$

$$\leq \frac{1}{\sqrt{\tau^2 + \sigma^2}} \left(\int_0^\infty e^{-\tau t} |f'(t)|dt + |f(0)| \right)$$

$$\leq \frac{1}{\sqrt{\tau^2 + \sigma^2}} \Big(M(|f'|) + |f(0)| \Big) = O(|\sigma|^{-1})$$

となって容易に示せる. 微分可能でなくて, もし $f(t)$ が区間 $[0,a]$ 上だけで値をもてば (つまり $t > a$ で $f(t) = 0$), 積分の第二平均値定理などを用いれば

$$\left| \mathcal{L}[f(t)](\tau + i\sigma) \right| = \left| \int_0^\infty e^{-\tau t}(\cos\sigma t - i\sin\sigma t)f(t)dt \right|$$

$$\leq \left| \int_0^a e^{-\tau t}\cos\sigma t f(t)dt \right| + \left| \int_0^a e^{-\tau t}\sin\sigma t f(t)dt \right|$$

$$\simeq \left| e^{-\tau b}f(b)\int_0^a \cos\sigma t dt \right| + \left| e^{-\tau c}f(c)\int_0^a \sin\sigma t dt \right|$$

$$\leq \left| e^{-bt}f(b) \right| \left| \frac{\sin b\sigma}{\sigma} \right| + \left| e^{-ct}f(c) \right| \left| \frac{1 - \cos b\sigma}{\sigma} \right| = O(|\sigma|^{-1})$$

による. $\qquad\qquad\qquad\qquad\qquad\qquad\qquad\qquad\qquad\qquad\qquad\qquad\square$

定理 7.2 (ラプラス反転公式) $f(t)$ を指数増大度をもつ関数, $\mathcal{L}[f](\tau)$ を $\tau \in [\tau_0, \infty)$ で定義された $f(t)$ のラプラス変換とする. このとき

$$\frac{1}{2}\{f(t+0) + f(t-0)\} = \frac{1}{2\pi i}\int_{\tau_0 - i\infty}^{\tau_0 + i\infty} e^{t\zeta}\mathcal{L}[f](\zeta)d\zeta$$

が成り立つ. ここで $f(t \pm 0) \equiv \lim_{s \to \pm 0} f(t+s)$ かつ

$$\int_{\tau_0 - i\infty}^{\tau_0 + i\infty} g(\zeta)d\zeta \equiv \lim_{S \to \infty} \int_{\tau_0 - iS}^{\tau_0 + iS} g(\zeta)d\zeta.$$

したがって特に $f(t)$ が連続関数ならば

$$f(t) = \frac{1}{2\pi i}\int_{\tau_0 - i\infty}^{\tau_0 + i\infty} e^{t\zeta}\mathcal{L}[f](\zeta)d\zeta$$

である.

この定理を受けて, ラプラス逆変換 $\mathcal{L}^{-1}$ を以下のように定義する.

定義 関数 g に対して

$$\mathcal{L}^{-1}[g](t) = \frac{1}{2\pi i} \int_{\tau_0 - i\infty}^{\tau_0 + i\infty} e^{t\zeta} g(\zeta) d\zeta$$

を g のラプラス逆変換と呼ぶ.

定理から $f(t)$ が連続でラプラス変換可能ならば $\mathcal{L}^{-1}\left[\mathcal{L}[f(t)](\tau)\right] = f(t)$ を得る. これがラプラスの反転公式と呼ばれるものである.

(定理 **7.2** の証明の概略) f を $(-\infty, 0)$ に 0 拡張してそのラプラス変換を

$$\mathcal{L}[f](\tau) = \int_{-\infty}^{\infty} e^{-s\tau} f(s) ds$$

とし, 簡単のため $\tau_0 = 0$ ととれたとすると

$$\begin{aligned}
\mathcal{L}^{-1}\left[\mathcal{L}[f](\tau)\right](t) &= \frac{1}{2\pi} \int_{-i\infty}^{i\infty} \int_{-\infty}^{\infty} e^{\tau(t-s)} f(s) ds\, i^{-1} d\tau \\
&= \frac{1}{2\pi} \int_{-\infty}^{\infty} \int_{-\infty}^{\infty} e^{i\tau s} f(t-s) ds\, d\tau \\
&= \lim_{T \to \infty} \frac{1}{2\pi} \int_{-\infty}^{\infty} \left(\int_{-T}^{T} e^{-i\tau s} d\tau \right) f(t-s) ds
\end{aligned}$$

である. オイラーの公式 $e^{-i\tau s} = \cos(\tau s) - i\sin(\tau s)$ から内側の積分は実部虚部に分けることにより実行できて $\sin(\tau s)$ が τ に対して奇関数であることから実部 $\cos(\tau s)$ のみ残る.

$$\begin{aligned}
&= \lim_{T \to \infty} \frac{1}{2\pi} \int_{-\infty}^{\infty} \left(\int_{-T}^{T} \cos(\tau s) d\tau \right) f(t-s) ds \\
&= \lim_{T \to \infty} \frac{1}{2\pi} \int_{-\infty}^{\infty} 2\frac{\sin(Ts)}{s} f(t-s) ds \\
&= \lim_{T \to \infty} \frac{1}{\pi} \int_{-\infty}^{\infty} \frac{\sin(Ts)}{s} f(t-s) ds.
\end{aligned}$$

ここで最後の被積分関数は $T \to \infty$ で激しく振動し, $s \neq 0$ では振動の正の部分と負の部分の積分が互いに打ち消し合う. 積分の値は $s = 0$ のところだけ残ることになる. よって

$$\mathcal{L}^{-1}\left[\mathcal{L}[f](\tau)\right](t) = f(t-s)|_{s=0} = f(t)$$

となる. より正確には, フーリエ積分

$$\int_{-\infty}^{\infty} \frac{\sin s}{s} ds = \pi \tag{7.2}$$

に注意して

$$\mathcal{L}^{-1}\left[\mathcal{L}[f](\tau)\right](t) - f(t)$$

$$= \frac{1}{\pi} \int_{-\infty}^{\infty} \frac{\sin(Ts)}{s} f(t-s)ds - f(t) \ (ここでフーリエ積分 (7.2) を用いる)$$

$$= \frac{1}{\pi} \int_{-\infty}^{\infty} \frac{\sin s}{s} \left\{ f\left(t - \frac{s}{T}\right) - f(t) \right\} ds \to 0, \qquad T \to \infty.$$

最後の収束には $f(t)$ の連続性と $f(t) \to 0 \ (t \to \infty)$ の事実を用いる. 厳密な議論を行うには, ルベーグの優収束定理を用いることにより容易に示せる [*1].

$\square$

問題 7.3 問題 7.2 で求めた階段関数 $H(t-a)$ のラプラス変換の逆ラプラス変換を定義に戻って計算し, 定理 7.2 が成り立つことを確かめよ.

7.3 ラプラス変換の諸性質と合成積

7.3.1 ラプラス変換の性質
ラプラス変換の様々な性質を述べる.

命題 7.3 $\mathcal{L}$ は線形作用素である. すなわち α, β を定数, $f(t) \ g(t)$ をラプラス変換可能な関数として
$$\mathcal{L}[\alpha f + \beta g](\tau) = \alpha \mathcal{L}[f] + \beta \mathcal{L}[g].$$
$\mathcal{L}^{-1}$ は線形作用素である. すなわち
$$\mathcal{L}^{-1}[\alpha f + \beta g](\tau) = \alpha \mathcal{L}^{-1}[f] + \beta \mathcal{L}^{-1}[g].$$

これらは積分作用素が線形であることから容易に導かれる.

問題 7.4 次の関数のラプラス変換を求めよ.

(1) $f(t) = t^2 + 2t$.

(2) $f(t) = \cosh t \equiv \frac{1}{2}(e^t + e^{-t})$.

問題 7.5 次の関数の逆ラプラス変換を求めよ.

(1) $f(\tau) = \frac{1}{\tau} + \frac{2}{\tau^2} + \frac{4}{\tau^3}$.

[*1] 谷島賢二『新版 ルベーグ積分と関数解析』(朝倉書店, 2015) p. 58 の定理 4.23 と p. 210 の定理 14.12 を参照.

86　　　7. ラプラス変換とその応用

(2) $f(\tau) = \dfrac{1}{1 + 2\tau}$.

(3) $f(\tau) = \dfrac{e^{-2\tau} - e^{-\tau}}{\tau}$.

命題 7.4 （移動公式） f をラプラス変換可能な関数とすると

$$\mathcal{L}[e^{at}f(t)](\tau) = \mathcal{L}[f](\tau - a).$$

f をラプラス変換可能な関数とすると

$$\mathcal{L}[H(t-a)f(t-a)](\tau) = e^{-a\tau}\mathcal{L}[f](\tau).$$

g を連続なラプラス変換可能な関数とすると

$$\mathcal{L}^{-1}[e^{-a\tau}\mathcal{L}[g](\tau)](t) = H(t-a)g(t-a), \quad t > a.$$

(命題 **7.4** の証明)　(i) はラプラス変換の定義そのものである.

$$\mathcal{L}[e^{at}f(t)](\tau) = \int_0^\infty e^{-\tau t + at}f(t)dt = \mathcal{L}[f(t)](\tau - a).$$

(ii) 関数 $H(t)$ の定義 (問題 2) に注意して

$$\mathcal{L}[H(t-a)f(t)](\tau) = \int_0^\infty e^{-\tau t}H(t-a)f(t-a)dt$$

$$= \int_a^\infty e^{-\tau t}f(t-a)dt = \int_0^\infty e^{-\tau(t'+a)}f(t')dt'$$

$$= e^{-a\tau}\mathcal{L}[f(t)](\tau).$$

(iii) (ii) の両辺を逆ラプラス変換する.　　　　　　　　　　　　　□

問題 7.6　次の公式を示せ.

(1) $\mathcal{L}[e^{at}\cosh bt](\tau) = \dfrac{\tau - a}{(\tau - a)^2 - b^2}$.

(2) $\mathcal{L}[\cosh at \sin at](\tau) = \dfrac{a(\tau^2 - 2a^2)}{\tau^4 + 4a^4}$.

(3) $\mathcal{L}[\sinh at \sin at](\tau) = \dfrac{2a^2\tau}{\tau^4 + 4a^4}$.

命題 7.5　（微分積分公式） f をラプラス変換可能な関数とすると

(i)

$$\mathcal{L}\left[\frac{d}{dt}f(t)\right](\tau) = \tau\mathcal{L}[f(t)](\tau) - f(0).$$

7.3 ラプラス変換の諸性質と合成積 87

(ii)
$$\mathcal{L}[tf(t)](\tau) = -\frac{d}{d\tau}\mathcal{L}[f(t)](\tau).$$

(iii)
$$\mathcal{L}\left[\int_0^t f(s)ds\right](\tau) = \frac{1}{\tau}\mathcal{L}[f(t)](\tau).$$

(iv) $f(t)$ はラプラス変換可能で連続とし $g(\tau) = \mathcal{L}[f](\tau)$ とする.
$$\mathcal{L}^{-1}\left[\frac{g(\tau)}{\tau}\right](t) = \int_0^t f(s)ds.$$

(命題 **7.5** の証明)　(i) は部分積分して
$$\begin{aligned}
\mathcal{L}\left[\frac{d}{dt}f(t)\right](\tau) &= \int_0^\infty e^{-\tau t}\frac{d}{dt}f(t)dt \\
&= \left[e^{-\tau t}f(t)\right]_0^\infty - \int_0^\infty (-\tau)e^{-\tau t}f(t)dt \\
&= \tau\mathcal{L}[f(t)](\tau) - f(0) + \lim_{t\to\infty} e^{-\tau t}f(t) \\
&= \tau\mathcal{L}[f(t)](\tau) - f(0).
\end{aligned}$$

(ii)
$$\begin{aligned}
\mathcal{L}[tf(t)](\tau) &= \lim_{R\to\infty}\int_0^R e^{-\tau t}tf(t)dt \\
&= \lim_{R\to\infty}\int_0^R \frac{d}{d\tau}(-e^{-\tau t})f(t)dt.
\end{aligned}$$

ここで微分 $(-e^{-\tau t})'$ は区間 $[0, R]$ 上で一様収束するから積分と微分が交換可能で，さらに極限が確定することから微分と極限も交換可能である．すなわち
$$\begin{aligned}
\mathcal{L}[tf(t)](\tau) &= -\lim_{R\to\infty}\frac{d}{d\tau}\int_0^R e^{-\tau t}f(t)dt \\
&= -\frac{d}{d\tau}\int_0^\infty e^{-\tau t}f(t)dt \\
&= -\frac{d}{d\tau}\mathcal{L}[f(t)](\tau).
\end{aligned}$$

(iii) も部分積分して
$$\mathcal{L}\left[\int_0^t f(s)ds\right](\tau) = \int_0^\infty e^{-\tau t}\int_0^t f(s)ds dt$$

$$= \int_0^\infty \left(-\frac{1}{\tau} e^{-\tau t} \right)' \int_0^t f(s) ds dt$$

$$= \left[-\frac{1}{\tau} e^{-\tau t} \int_0^t f(s) ds \right]_0^\infty + \frac{1}{\tau} \int_0^\infty e^{-\tau t} f(t) dt$$

$$= \frac{1}{\tau} \int_0^\infty e^{-\tau t} f(t) dt = \frac{1}{\tau} \mathcal{L}[f(t)](\tau).$$

(iv) (iii) の両辺を逆ラプラス変換する. $\qquad\square$

例 7.4

$$\mathcal{L}[\cos at] = \frac{\tau}{\tau^2 + a^2}$$

の両辺を τ で微分して

$$-\mathcal{L}[t \cos at](\tau) = \frac{d}{d\tau} \mathcal{L}[\cos at](\tau) = \frac{\tau^2 - a^2}{(\tau^2 + a^2)^2}.$$

7.3.2 合成積とラプラス変換

定義 $[0, \infty)$ 上で定義された指数増大度の関数 $f(t)$, $g(t)$ に対してその合成積 (畳み込み積・コンボルーション (convolution)) $f * g(t)$ を

$$f * g(t) = \int_0^t f(t - s) g(s) ds$$

で定義する.

定義より $f * g(t) = g * f(t)$ は容易にわかる.

問題 7.7 上を示せ.

合成積は二つの関数 $f(t)$ と $g(t)$ の相関を取ったものでそれぞれの関数の形が近いか遠いかを調べるのに有効な指標を与えるものである.

合成積とラプラス変換 (逆ラプラス変換) とのあいだには次の重要な性質が成り立つ.

命題 7.6 (合成積) f, g をラプラス変換可能な関数とすると

(1)

$$\mathcal{L}[f * g(t)](\tau) = \mathcal{L}[f(t)](\tau) \mathcal{L}[g(t)](\tau).$$

(2) f と g が連続関数ならば

$$\mathcal{L}^{-1}\Big[\mathcal{L}[f](\tau)\mathcal{L}[g](\tau)\Big](t) = f * g(t).$$

(命題 **7.6** の証明)

(i)

$$\mathcal{L}\left[f * g(t)\right](\tau) = \int_0^\infty e^{-\tau t} f * g(t) dt$$

$$= \int_0^\infty e^{-\tau t} \int_0^t f(t-s)g(s) ds dt$$

$$= \iint_{\{(s,t):0\leq s\leq t, 0\leq t\leq\infty\}} e^{-\tau t} f(t-s)g(s) ds dt$$

ここで $t-s=r,\ s=s$ と変数変換してヤコビアンが 1 だから

$$= \iint_{\{(s,r):0\leq r\leq\infty, 0\leq s\leq\infty\}} e^{-\tau(r+s)} f(r)g(s) dr ds$$

$$= \int_0^\infty e^{-\tau r} f(r) dr \int_0^\infty e^{-\tau s} g(s) ds$$

$$= \mathcal{L}[f(t)](\tau)\mathcal{L}[g(t)](\tau).$$

(ii) は (i) の両辺を逆ラプラス変換したもの.

$\square$

問題 7.8　次の関係を示せ.

(1) $\mathcal{L}^{-1}\left[\dfrac{\tau}{(\tau^2+a^2)^2}\right] = \dfrac{1}{2a} t \sin(at).$

(2) $\mathcal{L}^{-1}\left[\dfrac{\tau}{(\tau^2-a^2)^2}\right] = \dfrac{1}{2a} t \sinh(at).$

(3) $\mathcal{L}^{-1}\left[\dfrac{1}{(\tau^2-a^2)^2}\right] = \dfrac{1}{2a^3}(at\cosh(at) - \sinh(at)).$

(1) $\mathcal{L}[\cos at](\tau) = \dfrac{\tau}{\tau^2+a^2},\ \mathcal{L}[\sin at](\tau) = \dfrac{a}{\tau^2+a^2}$ より

$$\mathcal{L}^{-1}\left[\frac{\tau}{(\tau^2+a^2)^2}\right] = \frac{1}{a}\mathcal{L}^{-1}\left[\frac{\tau}{\tau^2+a^2}\frac{a}{\tau^2+a^2}\right]$$

$$= \frac{1}{a}\mathcal{L}^{-1}\left[\mathcal{L}[\cos at](\tau)\mathcal{L}[\sin at](\tau)\right]$$

$$= \frac{1}{a}\cos at * \sin at$$

$$= \frac{1}{a}\int_0^t \sin(a(t-s))\cos as\, ds$$

$$= \frac{1}{2a}\sin at \int_0^t ds + \frac{1}{2a}\int_0^t \sin a(t-2s)ds$$
$$= \frac{1}{2a}t\sin(at) + \frac{1}{4a^2}\Big[\cos a(t-2s)\Big]_0^t$$
$$= \frac{1}{2a}t\sin(at).$$

ここで最後から 2 個目の等式には倍角の公式 $\sin(t-s)\cos s = \sin t - \sin(t-2s)$

(2)
$$\mathcal{L}^{-1}\left[\frac{1}{\tau^2-a^2}\right](\tau) = \frac{1}{2a}\mathcal{L}^{-1}\left[\frac{1}{\tau-a} - \frac{1}{\tau+a}\right] = \frac{1}{2a}(e^{at}-e^{-at}) = \frac{\sinh(at)}{a},$$
$$\mathcal{L}^{-1}\left[\frac{\tau}{\tau^2-a^2}\right](\tau) = \frac{1}{2}\mathcal{L}^{-1}\left[\frac{1}{\tau-a} + \frac{1}{\tau+a}\right] = \frac{1}{2}(e^{at}+e^{-at}) = \cosh(at)$$

より
$$\mathcal{L}^{-1}\left[\frac{\tau}{(\tau^2-a^2)^2}\right] = \frac{1}{a}\sinh at * \cosh at$$
$$= \frac{1}{a}\int_0^t \sinh(a(t-s))\cosh as\, ds$$
$$= \frac{1}{2a}\int_0^t (\sinh(at) + \sinh(a(t-2s)))ds$$
$$= \frac{\sinh(at)}{2a}\int_0^t ds + \frac{1}{2a}\int_0^t \sinh(a(t-2s))ds$$
$$= \frac{1}{2a}t\sinh(at) - \frac{1}{4a^2}\Big[\cosh(a(t-2s))\Big]_0^t$$
$$= \frac{1}{2a}t\sinh(at).$$

(3) (2) の結果の両辺を積分する. 微積分公式から
$$\mathcal{L}^{-1}\left[\frac{g(\tau)}{\tau}\right](t) = \int_0^t \mathcal{L}^{-1}[g](s)ds$$

だから
$$\mathcal{L}^{-1}\left[\frac{1}{(\tau^2-a^2)^2}\right] = \int_0^t \frac{1}{2a}s\sinh(as)ds$$
$$= \Big[\frac{1}{2a^2}s\cosh(as) - \frac{1}{2a^3}\sinh(as)\Big]_0^t$$
$$= \frac{1}{2a^3}(at\cosh(at) - \sinh(at)).$$

問題 7.9 次の関数のラプラス変換を求めよ.

(1) $\displaystyle\int_0^t \sin\omega s\,ds.$

(2) $e^t * e^{2t}.$

(3) $t * \sin\omega t.$

問題 7.10 次の関数の逆ラプラス変換を求めよ.

(1) $\dfrac{\tau}{(\tau-2)(\tau+3)}.$

(2) $\dfrac{\tau}{(\tau+1)^2}.$

(3) $\dfrac{\tau^2}{(\tau-2)^3}.$

7.4 周期関数のラプラス変換

周期関数 $f(t) = f(t+T)$ のラプラス変換を求める. $f(t)$ の周期性に注意すれば,

$$\mathcal{L}[f(t)](\tau) = \mathcal{L}[f(t+T)](\tau) = \int_0^\infty e^{-\tau t} f(t+T)dt$$

$$= \int_T^\infty e^{-\tau(t'-T)} f(t')dt' = e^{\tau T}\int_T^\infty e^{-\tau t'} f(t')dt'$$

$$= e^{\tau T}\left(\mathcal{L}[f(t)](\tau) - \int_0^T e^{-\tau t} f(t)dt\right)$$

を得る. したがって

$$\mathcal{L}[f(t)](\tau) = -\frac{e^{\tau T}}{1-e^{\tau T}}\int_0^T e^{-\tau t} f(t)dt.$$

あるいは

$$\mathcal{L}[f(t)](\tau) = \frac{1}{1-e^{-\tau T}}\int_0^T e^{-\tau t} f(t)dt.$$

この公式のよいところは, 積分範囲が有限な区間で収まっているということであり, 多くの具体的な計算が可能になるという利点がある.

例 7.5 ノコギリ波

$$\begin{cases} f(t) = 1-t, & 0 \le t < 1, \\ f(t+1) = f(t), & 1 \le t \end{cases}$$

のラプラス変換を求めるには上の公式を用いるためにまず

$$\int_0^1 e^{-\tau t} f(t) dt = \int_0^1 e^{-\tau t} (1-t) dt$$

$$= \int_0^1 e^{-\tau t} dt + \frac{d}{d\tau} \int_0^1 e^{-\tau t} d\tau = \left[-\frac{1}{\tau} e^{-\tau t} \right]_0^1 + \frac{d}{d\tau} \left[-\frac{1}{\tau} e^{-\tau t} \right]_0^1$$

$$= \frac{1}{\tau} (1 - e^{-\tau}) - \frac{1}{\tau^2} (1 - e^{-\tau}) + \frac{1}{\tau} e^{-\tau}$$

$$= \frac{1}{\tau^2} (\tau - 1 + e^{-\tau})$$

を計算しておいて

$$\mathcal{L}[f(t)](\tau) = \frac{1}{\tau^2 (1 - e^{-\tau})} (\tau - 1 + e^{-\tau}) = \frac{e^{\tau/2}}{2\tau \sinh(\tau/2)} - \frac{1}{\tau^2}.$$

問題 7.11 次の周期関数のラプラス変換を求めよ.

$$f(t) = \begin{cases} 1, & 0 \le t < 1, \\ -1, & 1 \le t < 2, \end{cases} \qquad f(t+2) = f(t).$$

7.5 線形微分方程式の解法 (演算子法)

二階定数係数微分方程式の初期値問題

$$\begin{cases} x''(t) + ax'(t) + bx(t) = f(t), \\ x(0) = x_0, \quad x'(0) = x_1 \end{cases}$$

をラプラス変換を用いて解くことを考える.

方程式の両辺をラプラス変換して

$$\mathcal{L}[x'' + ax' + bx](\tau) = \mathcal{L}[f](\tau).$$

ここで命題 7.6 より

$$\mathcal{L}[x'](\tau) = \tau \mathcal{L}[x](\tau) - x(0),$$

$$\mathcal{L}[x''](\tau) = \tau \mathcal{L}[x'](\tau) - x'(0) = \tau^2 \mathcal{L}[x](\tau) - \tau x(0) - x'(0)$$

より

$$\tau^2 \mathcal{L}[x](\tau) + a\tau \mathcal{L}[x](\tau) + b\mathcal{L}[x](\tau) - x'(0) - x(0)\tau - ax(0) = \mathcal{L}[f](\tau).$$

すなわち

$$\mathcal{L}[x] = \frac{\mathcal{L}[f](\tau) + x'(0) + x(0)\tau + ax(0)}{\tau^2 + a\tau + b}.$$

したがってラプラスの反転公式 (定理 7.2) から

$$x(t) = \mathcal{L}^{-1}\left[\mathcal{L}[x](\tau)\right] = \mathcal{L}^{-1}\left(\frac{\mathcal{L}[f](\tau) + x_1 + x_0\tau + ax_0}{\tau^2 + a\tau + b}\right)$$

を得る. 具体的な計算は f の形に依存する.

例 7.6 微分方程式の初期値問題

$$\begin{cases} x'' - 3x' + 2x = e^{3t}, \\ x(0) = 1, \quad x'(0) = 0 \end{cases}$$

をラプラス変換を用いて解く.

$$\mathcal{L}[e^{3t}] = \frac{1}{\tau - 3}$$

より

$$\begin{aligned}
x(t) &= \mathcal{L}^{-1}\left[\frac{\frac{1}{\tau-3} + \tau - 3}{\tau^2 - 3\tau + 2}\right] \\
&= \mathcal{L}^{-1}\left[\frac{1}{(\tau-3)(\tau^2 - 3\tau + 2)} + \frac{\tau - 3}{\tau^2 - 3\tau + 2}\right] \\
&= \mathcal{L}^{-1}\left[\frac{5}{2}\frac{1}{\tau - 1} - \frac{2}{\tau - 2} + \frac{1}{2(\tau - 3)}\right] \\
&= \frac{5}{2}e^t - 2e^{2t} + \frac{1}{2}e^{3t}.
\end{aligned}$$

問題 7.12 次の初期値問題をラプラス変換を用いて解け.

(1) $\begin{cases} x''(t) - 3x'(t) + 2x(t) = t, \\ x(0) = 0, \quad x'(0) = 0. \end{cases}$

(2) $\begin{cases} x''(t) + 4x'(t) + 3x(t) = t + e^{-2t}, \\ x(0) = 0, \quad x'(0) = 0. \end{cases}$

問題 7.13 問題 7.12 の周期関数 $f(t)$ を外力にもつ次の初期値問題をラプラス変換を用いて解け.

$$\begin{cases} x''(t) + 2x'(t) + 17x(t) = f(t), \\ x(0) = 1, \quad x'(0) = 0. \end{cases}$$

7.6 積分方程式の反転

この節では, 積分を含む積分方程式をラプラス変換を用いて解くことを考える.

例 7.7 $f(t)$ を $t \geq 0$ で定義された一階微分可能連続な既知関数とし, $0 < \mu < 1$ を定数とする. このとき

$$\int_0^t \frac{g(s)}{(t-s)^\mu} ds = f(t)$$

を満たす $g(t)$ を $f(t)$ で表すことを考える.

与式両辺をラプラス変換して

$$\mathcal{L}\left[g * \frac{1}{t^\mu}\right] = \mathcal{L}[f](\tau).$$

合成積に対する公式命題 7.6 より

$$\mathcal{L}[g]\mathcal{L}\left[\frac{1}{t^\mu}\right] = \mathcal{L}[f](\tau)$$

を得る.

$$\mathcal{L}\left[\frac{1}{t^\mu}\right](\tau) = \int_0^\infty e^{-\tau t} t^{-\mu} dt = \tau^{\mu-1}\int_0^\infty e^{-x} x^{-\mu} dx = \Gamma(1-\mu)\tau^{\mu-1}$$

であったから

$$\mathcal{L}[g] = \frac{1}{\Gamma(1-\mu)}\mathcal{L}[f](\tau)\tau^{1-\mu}$$

より, 両辺逆ラプラス変換することにより

$$g = \mathcal{L}^{-1}\mathcal{L}[g] = \frac{1}{\Gamma(1-\mu)}\mathcal{L}^{-1}[\tau\mathcal{L}[f](\tau) \cdot \tau^{-\mu}].$$

ここで $0 < \nu = 1 - \mu < 1$ に対して

$$\mathcal{L}^{-1}\left[\frac{1}{\tau^\nu}\right](t) = \frac{1}{\Gamma(\nu)}t^{\nu-1}$$

だから再び命題 7.6 により

$$\begin{aligned}
g &= \frac{1}{\Gamma(1-\mu)}\mathcal{L}^{-1}[\tau\mathcal{L}[f](\tau)] * \mathcal{L}^{-1}[\tau^{-\mu}] \\
&= \frac{1}{\Gamma(1-\mu)}\mathcal{L}^{-1}[\tau\mathcal{L}[f](\tau)] * \frac{t^{\mu-1}}{\Gamma(\mu)} \\
&= \frac{1}{\Gamma(1-\mu)\Gamma(\mu)}\left(\frac{d}{dt}f - f(0)\right) * \frac{1}{t^{1-\mu}} \\
&= \frac{1}{\Gamma(1-\mu)\Gamma(\mu)}\int_0^t \frac{f'(s) + f(0)}{(t-s)^{1-\mu}} ds \\
&= \frac{\sin \pi\mu}{\pi}\int_0^t \frac{f'(s) + f(0)}{(t-s)^{1-\mu}} ds.
\end{aligned}$$

問題 7.14 次の積分方程式を解け.

$$\text{(1)} \ \ u(t) = \cos 2t + \int_0^t \sin(t-s)u(s)ds, \quad t \ge 0.$$

$$\text{(2)} \ \ u(t) + \int_0^t (t-s)u(s)ds = \sin t, \quad t \ge 0.$$

(1) 両辺ラプラス変換することにより，$\mathcal{L}[u](\tau) = \hat{u}$ とおいて

$$\hat{u}(\tau) = \frac{\tau}{\tau^2 + 4} + \frac{\hat{u}(\tau)}{\tau^2 + 1}$$

$$\hat{u}(\tau)\left(1 - \frac{1}{\tau^2 + 1}\right) = \frac{\tau}{\tau^2 + 4}$$

$$\hat{u}(\tau)\left(\frac{\tau^2}{\tau^2 + 1}\right) = \frac{\tau}{\tau^2 + 4}$$

$$\hat{u}(\tau) = \frac{\tau^2 + 1}{\tau(\tau^2 + 4)}.$$

両辺を逆ラプラス変換すると

$$u(t) = \mathcal{L}^{-1}\left[\frac{\tau}{\tau^2 + 4}\right] + \mathcal{L}^{-1}\left[\frac{1}{\tau(\tau^2 + 4)}\right]$$

$$= \cos 2t + \frac{1}{2}\int_0^t \sin 2s\, ds$$

$$= \cos 2t + \frac{1}{4}(1 - \cos 2t)$$

$$= \frac{1}{4} + \frac{3}{4}\cos 2t.$$

(2) 両辺ラプラス変換することにより，$\mathcal{L}[u](\tau) = \hat{u}$ とおいて

$$\hat{u}(\tau) + \mathcal{L}[t]\hat{u}(\tau) = \frac{1}{\tau^2 + 1}$$

$$\hat{u}(\tau)\left(1 + \frac{1}{\tau^2}\right) = \frac{1}{\tau^2 + 1}$$

$$\hat{u}(\tau) = \frac{\tau^2}{(\tau^2 + 1)^2}.$$

両辺を逆ラプラス変換すると

$$u(t) = \mathcal{L}^{-1}\left[\frac{\tau^2}{(\tau^2 + 1)^2}\right]$$

$$= \mathcal{L}^{-1}\left[\frac{\tau}{(\tau^2 + 1)}\right] * \mathcal{L}^{-1}\left[\frac{\tau}{(\tau^2 + 1)}\right]$$

$$= \int_0^t \cos(t-s)\cos s\, ds$$

$$= \frac{1}{2} \int_0^t (\cos t + \cos(t - 2s)) ds$$

$$= \frac{1}{2} t \cos t + \frac{1}{2} \left[-\frac{1}{2} \sin(t - 2s) \right]_0^t$$

$$= \frac{1}{2} t \cos t + \frac{1}{4} \sin t + \frac{1}{4} \sin t = \frac{1}{2} t \cos t + \frac{1}{2} \sin t.$$

演 習 問 題

7.1 次の関数のラプラス変換を求めよ.

(1) $f(t) = \sin^2 t$.

(2) $f(t) = \sinh^2 t$, ただし $\sinh t = \frac{1}{2}(e^t - e^{-t})$.

7.2 次の関数の逆ラプラス変換を求めよ.

(1) $\dfrac{1}{1 + 2\tau}$.

(2) $\dfrac{e^{-2\tau} - e^{-\tau}}{\tau}$.

(3) $\dfrac{2\tau^2 - \tau - 6}{(\tau^3 - 3\tau^2)}$.

(4) $\dfrac{\tau^2}{(\tau - 2)^3}$.

(5) $\dfrac{3\tau + 1}{(\tau - 1)(\tau - 2)(\tau - 3)}$.

(6) $\dfrac{\tau - 1}{(\tau + 1)(\tau^2 + 4)}$.

7.3 t^{-a} のラプラス変換をガンマ関数 $\Gamma(x) = \displaystyle\int_0^\infty e^{-t} t^{x-1} dt$ で表せ.

7.4 次の初期値問題をラプラス変換を用いて解け.

(1) $\begin{cases} x'''(t) - x(t) = \cos t, \\ x(0) = x'(0) = x''(0) = x'''(0) = 1. \end{cases}$

(2) $\begin{cases} x'(t) - x(t) = (2t - 1)e^{t^2}, \\ x(0) = 2. \end{cases}$

(3) $\begin{cases} x''(t) - 4x'(t) + 4x(t) = t, \\ x(0) = 2, \quad x'(0) = 0. \end{cases}$

(4) $\begin{cases} x''(t) + 4x'(t) + 3x(t) = e^{-t}, \\ x(0) = 0, \quad x'(0) = 1. \end{cases}$

第8章
フーリエ級数

CHAPTER 8

「すべての周期関数が三角関数の重ね合わせで表現できるに違いない.」これがフーリエ (J.J. Fourier, 1768-1830) の考えた驚くべき夢である. いろいろな自然現象のグラフは関数となるが, しばしば変数に対して周期的となる. たとえば電気信号, 特に交流信号, 地震の震度, 音波, 雑音, 海の界面の様子, 太陽 (天体) の運動など例にはいとまがない. また周期的ではないものの, 株価や為替の変動, 流行の変化, 景気の循環, 平均気温の年間推移など, 周期的な振る舞いを示すものも多い.

一方, これらの自然現象の内, 波の伝播や熱の伝わり具合 (冷え具合), 微少な粒子の運動や流体の流れの様子を知るにはそれらを記述すると考えられる方程式——それはしばしば偏微分方程式の形で表現される——を解かなくてはならない. 歴史的にみて波の伝播の問題が早くから数学的に認識された. それはもっとも単純な (数学的に簡素な) 波を表す三角関数 $\sin x$ や $\cos x$ によって記述される. このこともあって, すべての関数が三角関数で表されるのではといった予想がなされる. たとえば, 与えられた任意の関数 $f(x)$ が三角関数の重ね合わせ (級数) の形で表されたとする.

$$f(x) \sim a_0 + a_1 \cos x + b_1 \sin x + a_2 \cos 2x + b_2 \sin 2x + a_3 \cos 3x + b_3 \sin 3x + \cdots$$

このとき $f(x)$ は各項の係数 a_k および b_k を与えれば完全に決定されることに気がつく. すなわち f は 2 重数列 $\{a_k\}_{k=0}^{\infty}$, $\{b_k\}_{k=1}^{\infty}$ によって決定される. 各波長の正弦波, 余弦波 ($\sin x, \cos x$) とその高調波 ($\sin kx, \cos kx, k = 2, 3, \cdots$) の振幅の大きさだけで関数が特徴づけられるというのである. 各 k ごとの振幅を表す a_k, b_k を k を横軸にグラフにしたものを周波数特性ないしはスペクトル分布と呼び, 各正弦, 余弦波がどの程度含まれているかということを示す尺度になる. 人間の聞き取ることのできる音波は 20 Hz から 20000 Hz 程度といわれ

る.Hz (ヘルツ) は 1 秒間に空気が何回振動したかを示す単位であった.一般に音楽の信号をステレオやデジタルプレイヤーで再生するときに,これらの装置がなるべく正確に音を再生できるためには,各周波数の成分に対して特定の成分だけに強弱を与えないものの方が優れているといえる.すなわち周波数特性が一定の装置が優れたものであると考えられる.こうした装置を解析する上で「フーリエのみた夢」から帰結される事実は大切な基礎となるのである.さらに光がある一面波であって,プリズム (図 8.1) によって光の色を分離することも一つ一つの色に特定の周波数が対応していて,プリズムはそれらが重なった光 (太陽光,蛍光灯の光,白熱灯の光,ネオンの光) を分離して各周波数ごとの成分により分けていることに他ならない.

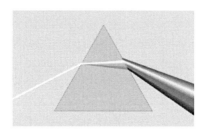

図 8.1 プリズム

色に分解することをスペクトル分解と呼ぶことから,各色の配合の割合をスペクトル分布と呼ぶ.このほか自然現象にみられる周波数分析,スペクトル分析としては,

- 自然界の雑音 (noise) の周波数分布が $1/f$ の法則を満たすことが多いとして,より自然に近い雑音 (あるいは人間に耳障りではない) ないし変動を用いた,いわゆる $1/f$ 揺らぎなる工業応用が行われている.
- また水や油などの粘性のある流体に生じる渦の解析にそのスペクトル分布 (周波数分布) が滝のようにある部分で折れ曲がるいわゆるエネルギー・カスケードという現象が知られている.
- さらに石油探査の方法から編み出されたウェーブレット変換の方法は,今日深い数学的基礎と広範な応用を生みつつある.それは元々フーリエの方法を土台にしたものである.

このように関数が三角関数 (のような基本的な関数) の重ね合わせで表される

ということがわかると，様々な応用が可能で，工学上の応用はもちろん，自然現象の解明に強力な道具となりうるのである．こうした関数を三角関数で表して解析することをフーリエの名を冠してフーリエ解析と呼ぶ．この章ではこのフーリエ解析の初等的な解説を行い，偏微分方程式の解析に応用する．

8.1 周期関数と三角関数

定義 $T > 0$ に対して $f(x)$ が $f(x+T) = f(x) \, x \in \mathbb{R}$ を満たすとき f を周期 T の周期関数または T-周期関数と呼ぶ．

例 8.1 $\cos(2\pi x/L)$ の周期は L である．さらに L の任意の整数倍が周期となる（図 8.2）．

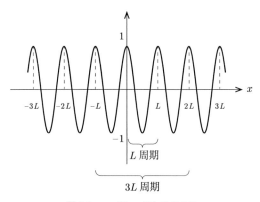

図 8.2 $\cos(2\pi x/L)$ のグラフ

定数関数は周期関数である．また，周期 T の関数は $2T$ もまた周期となる．一般に，関数 f の周期が T ならば，n を自然数として nT も周期となる．したがって T 周期関数の中には，その自然数分の一も周期となる関数も含むことがある．そこで以下では，T 周期関数という場合に，T が最小の周期である場合とする．

例 8.2 $\tan x$ の周期は $T = \pi$ である．

問題 8.1 $f(x) = (\cos x)^2$ の周期を求めよ．

例 8.3 $\cos 2x + \cos \pi x$ は周期関数か？

否．$f(x) = \cos 2x + \cos \pi x$ とおく．$\cos 2x$ と $\cos \pi x$ はそれぞれ π，2 周期関数でともに $x = 0$ で最大値 1 をとる．ところが π と 2 の公倍数は存在しないので (すれば π は有理数となる [*1))，ともに 1 となる数は存在しない．よって $f(x) < 2$ $(x > 0)$ また同様にして $f(x) < 2$ $(x < 0)$ もいえる．したがって $f(x)$ は周期関数ではありえない．

このように，周期関数同士の和は必ずしも周期関数となるとは限らない．

問題 8.2 f と g が異なる周期の周期関数のときそれらの積 $f(x)g(x)$ は周期関数になるか？ またもし周期関数となるのならばその周期はどのようになるか？

次の三角関数に関する積分公式は以下のフーリエ解析においてもっとも基本的である．

命題 8.1 n, m を自然数とする．

(1) $\displaystyle\int_{-\pi}^{\pi} \sin nx \sin mx\, dx = \begin{cases} 0, & n \neq m, \\ \pi, & n = m, \end{cases}$

(2) $\displaystyle\int_{-\pi}^{\pi} \cos nx \cos mx\, dx = \begin{cases} 0, & n \neq m, \\ \pi, & n = m, \end{cases}$

(3) $\displaystyle\int_{-\pi}^{\pi} \sin nx \cos mx\, dx = 0.$

(命題 8.1 の証明) 実際の計算により証明する．(1) まず $n \neq m$ と仮定する．$2 \sin nx \sin mx = \cos(n-m)x - \cos(n+m)x$ を用いて

$$
\begin{aligned}
\int_{-\pi}^{\pi} \sin nx \sin mx\, dx &= \frac{1}{2}\int_{-\pi}^{\pi} \{\cos(n-m)x - \cos(n+m)x\}dx \\
&= \frac{1}{2}\Big[\frac{1}{n-m}\sin(n-m)x\Big]_{-\pi}^{\pi} \\
&\quad - \frac{1}{2}\Big[\frac{1}{n+m}\sin(n+m)x\Big]_{-\pi}^{\pi} = 0.
\end{aligned}
$$

[*1) 円周率 π が無理数となることは，たとえば杉浦光夫『解析入門 I』(東京大学出版会，1980) の p. 191 を参照．

いま k が整数のときに $\sin k\pi = 0$ に注意する．次に $n = m$ のときは

$$\int_{-\pi}^{\pi} \sin nx \sin mx dx = \int_{-\pi}^{\pi} (\sin nx)^2 dx$$

$$= \frac{1}{2} \int_{-\pi}^{\pi} (1 - \cos 2nx) dx$$

$$= \pi - \frac{1}{2} \Big[\frac{1}{2n} \sin 2nx \Big]_{-\pi}^{\pi}$$

$$= \pi - \frac{1}{4n} (\sin 2n\pi + \sin 2n\pi) = \pi.$$

問題 8.3 (2) を示せ．

(3) $2\sin nx \cos mx = \sin(n+m)x + \sin(n-m)x$ を用いて

$$\int_{-\pi}^{\pi} \sin nx \cos mx dx = \frac{1}{2} \int_{-\pi}^{\pi} \{\sin(n+m)x + \sin(n-m)x\} dx$$

$$= -\frac{1}{2} \Big[\frac{1}{n+m} \cos(n+m)x \Big]_{-\pi}^{\pi}$$

$$\quad - \frac{1}{2} \Big[\frac{1}{n-m} \cos(n-m)x \Big]_{-\pi}^{\pi}$$

$$= \frac{1}{2} \Big[\frac{1}{n+m} \{\cos(n+m)\pi - \cos(n+m)\pi\} \Big]$$

$$\quad - \frac{1}{2} \Big[\frac{1}{n-m} \{\cos(n-m)\pi - \cos(n-m)\pi\} \Big]$$

$$= 0. \qquad \qquad \square$$

8.2 ベクトルと直交性

区間 $[-\pi, \pi]$ 上の周期関数の中から $\sin kx$ や $\cos kx$ の成分を抽出する．どのようにしたらよいであろうか？ そのためにベクトルの成分分解を復習することからはじめる．有限次元のベクトルの内積からその拡張として無限次元のベクトルの内積を導入して成分 (係数) を取り出す操作について考察する．

n 次元ベクトル $a = (a_1, a_2, \cdots, a_n)$ と $b = (a_1, a_2, \cdots, a_n)$ が直交するとは $a \cdot b = 0$ のときであった (図 8.3)．ここで $a \cdot b = |a||b| \cos\theta$ はベクトル a と b の内積であって θ は a と b のなす角である．これを成分で表すと $a \cdot b = a_1 b_1 + a_2 b_2 + \cdots + a_n b_n$ であった．

こうした n 次元のベクトルの場合を拡張して，数列 $\{a_k\}_{k=1}^{\infty}$ と $\{b_k\}_{k=1}^{\infty}$ に対して内積を定義して直交の概念を導入できる．すなわち $A = \{a_k\}_{k=1}^{\infty}$,

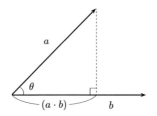

図 8.3 内積 $(a \cdot b)$ の意味の図示

$B = \{b_k\}_{k=1}^{\infty}$ をそれぞれ無限個の成分からなるベクトルと見なしてその内積を

$$A \cdot B = \sum_{k=1}^{\infty} a_k b_k$$

で定義する．これは無限に成分の並んだベクトル同士の内積と思えばよい．そうなると，この概念を関数同士の内積にまで拡張できる (図 8.4)．$a(x)$ と $b(x)$ を区間 $[-\pi, \pi]$ 上の関数とするとき各微小区間 $[2k/N, 2(k+1)/N](k = -\pi N/2 \sim \pi N/2 - 1)$ 上でその値を取り出し数列と見なして内積を考える．

$$a(x) \cdot b(x) = \sum_{k=-N}^{N} a(x_k) \cdot b(x_k) \frac{\pi}{N}.$$

$\frac{\pi}{N}$ は各微小区間の長さであることに注意し，区間の区切り方を細かくしていくと $(a(x)b(x)$ が可積分ならば)，リーマン積分に収束する．リーマン積分の定義で，関数の値を与える点が微小区間内のどの点 (この場合 x_k) でもよかったことに注意する．このように考えると

$$(a \cdot b) = \int_{-\pi}^{\pi} a(x)b(x)dx$$

を二つの関数 $a(x)$ と $b(x)$ に対する内積の拡張と見なすことは不自然ではない．

以下，複素数値の関数を扱う場合に備えて

$$(f \cdot g) = \int_{-\pi}^{\pi} f(x)\bar{g}(x)dx$$

を f と g の内積と呼ぶことにする．ここで $\bar{g}(x)$ は g の複素共役である．

さて有限次元におけるベクトル同士の内積は「一方のベクトルの他方のベクトル方向の成分の大きさを与える」という意味があった．もし b が単位ベクトル e ならば $a \cdot e$ によって a を e とその直交方向に分解したときの e 方向の成分の長さを表す．これからの類推で上記の関数同士の積分が内積と見なせるのであれば，一方の関数の他方の関数の「方向」の成分を与えるものと解釈を拡大できるのである．このことを支持するのは，ベクトル同士の直交性であった．

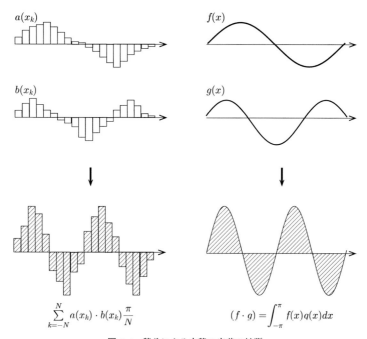

図 8.4 積分による内積の定義の拡張

定義 $(f \cdot g) = 0$ が成り立つとき，二つの関数 f と g が直交するという．

例 8.4 命題 8.1 によって $\sin kx$ と $\cos kx$ は互いに直交する．

以上によって，周期関数 f を $\cos kx$ と $\sin kx$ の和に分解するとは，f を無限次元のベクトルと見なして直交する (単位) ベクトルの成分に分解することに他ならないことが推測できる．

8.3 フーリエ級数

いま任意の周期関数 f が $\cos kx$ と $\sin kx$ の重ね合わせで書けたとする．

$$f(x) = \frac{a_0}{2} + a_1 \cos x + b_1 \sin x + a_2 \cos 2x + b_2 \sin 2x \\ a_3 \cos 3x + b_3 \sin 3x + \cdots + a_k \cos kx + b_k \sin kx + \cdots. \tag{8.1}$$

命題 8.1 により $\cos kx$ や $\sin kx$ は直交し自身の積分が π となるから (ほぼ) 単位ベクトルと見なせた．前節でみたように各項の成分 (係数) を求めるにはこれ

ら単位ベクトルとの内積をとればよい. すなわちたとえば b_k を求めるには形式的に (8.1) の両辺と $\cos kx$ との内積をとって

$$\int_{-\pi}^{\pi} f(x) \sin kx dx = \frac{a_0}{2} \int_{-\pi}^{\pi} \sin kx dx + \int_{-\pi}^{\pi} (a_1 \cos x + b_1 \sin x) \sin kx dx +$$
$$\cdots + \int_{-\pi}^{\pi} (a_k \cos kx + b_k \sin kx) \sin kx dx + \cdots .$$

(8.2)

命題 8.1 から (8.2) の右辺各項は

$$\int_{-\pi}^{\pi} b_k \sin kx \sin kx dx$$

をのぞいて 0 となる. したがって (8.2) から

$$\int_{-\pi}^{\pi} f(x) \sin kx dx = \int_{-\pi}^{\pi} b_k \sin kx \sin kx dx = \pi b_k.$$

このことから同様にして各係数が以下の公式によって求まることがわかる.

$$\begin{cases} a_k = \dfrac{1}{\pi} \displaystyle\int_{-\pi}^{\pi} f(x) \cos kx dx, & k = 0, 1, 2, \cdots, \\ b_k = \dfrac{1}{\pi} \displaystyle\int_{-\pi}^{\pi} f(x) \sin kx dx, & k = 1, 2, \cdots . \end{cases}$$

b_k において $k = 0$ がないのは定数を積分すると $\sin kx$ が奇関数で積分が残らないことに起因する.

　一般の関数を, このように三角関数の級数に展開することが目標である (図 8.5). 前述の説明では a_k と b_k を上のように定めればフーリエ級数展開できたように思えるが, そもそもはじめの仮定, 式 (8.1) が正しいかどうかわからない. つまりこれだけで, 任意の関数が三角関数だけで展開できたことにはならないのである. そこで数学の常套手段であるが, 逆さまにはじめから上の $a_k b_k$ を与えて (これらは f が積分できさえすれば求まる), そこから式 (8.1) に対応する展開が可能かどうかを考えることになる. 以下, 関数はすべて 2π 周期関数で $[-\pi, \pi]$ 上に制限して考える.

定義 $f(x)$ を 2π 周期の絶対可積分 [*2] 関数とする.

$$\begin{cases} a_k = \dfrac{1}{\pi} \displaystyle\int_{-\pi}^{\pi} f(x) \cos kx dx, & k = 0, 1, 2, \cdots, \\ b_k = \dfrac{1}{\pi} \displaystyle\int_{-\pi}^{\pi} f(x) \sin kx dx, & k = 1, 2, \cdots \end{cases}$$

[*2] 関数 f が $[-\pi, \pi)$ 上絶対可積分とは, $|f(x)|$ が積分可能であること.

8.3 フーリエ級数

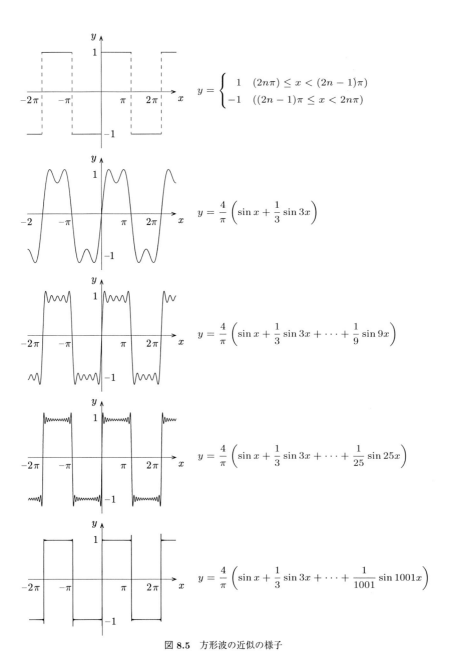

図 8.5　方形波の近似の様子

によって定義された級数

$$\frac{a_0}{2} + \sum_{k=1}^{\infty} (a_k \cos kx + b_k \sin kx)$$

を f のフーリエ級数と呼ぶ. フーリエ級数で表すことをフーリエ級数に展開するという.

いま区間は便宜的に $[-\pi, \pi]$ としたが $[0, 2\pi]$ でも $[\pi, 3\pi]$ でもかまわない (公式が多少変わる程度である).

さて問題は「フーリエの夢」である

$$f(x) = \frac{a_0}{2} + \sum_{k=1}^{\infty} (a_k \cos kx + b_k \sin kx)$$

がすべての関数について成り立つかということを考える. 問題をより詳しくみると

(1) 右辺の三角級数は収束するか？

(2) 級数の極限はもとの f と一致するか？

の2点に集約される. この問題は歴史的にはそれほど簡単ではなかった.

例 8.5 次の関数のフーリエ係数 a_k, b_k を計算せよ.

$$f(x) = x, \qquad x \in [-\pi, \pi].$$

$f(x) = x$, ただし $x \in [-\pi, \pi]$.

$$\begin{aligned}
a_k &= \frac{1}{\pi} \int_{-\pi}^{\pi} x \cos kx\, dx = \frac{1}{\pi k} \int_{-\pi}^{\pi} x(\sin kx)'\, dx \\
&= \left[\frac{1}{\pi k} x \sin kx \right]_{-\pi}^{\pi} - \frac{1}{\pi k} \int_{-\pi}^{\pi} \sin kx\, dx \\
&= 0, \\
b_k &= \frac{1}{\pi} \int_{-\pi}^{\pi} x \sin kx\, dx = -\frac{1}{\pi k} \int_{-\pi}^{\pi} x(\cos kx)'\, dx \\
&= \left[-\frac{1}{\pi k} x \cos kx \right]_{-\pi}^{\pi} + \frac{1}{\pi k} \int_{-\pi}^{\pi} \cos kx\, dx \\
&= -\frac{1}{\pi k} \left[\pi \cos \pi k - \pi \cos \pi k \right] = -\frac{2}{k} \cos k\pi \\
&= \frac{2}{k} (-1)^{k+1}.
\end{aligned}$$

問題 8.4 次の関数のフーリエ係数 a_k, b_k を計算せよ.

(1) $f(x) = x^2, \quad x \in [-\pi, \pi]$.

(2) $\quad f(x) = \begin{cases} 1, & |x| < \frac{\pi}{2}, \\ 0, & \frac{\pi}{2} \le |x| \le \pi. \end{cases}$

8.4 フェイエルの方法と平均収束

一般に級数の収束を議論するときにはその部分和

$$S_n(x) = \frac{a_0}{2} + \sum_{k=1}^{n-1} (a_k \cos kx + b_k \sin kx)$$

の収束を議論するのが普通である。すなわち $n \to \infty$ のとき $S_n(x) \to f(x)$ が何らかの方法で示せればよい。収束が一様収束ならば一番よいが実際にはこれは非常に難しかった。そこで天才フェイエル (Fejér) の登場である。

フェイエルは弱冠 19 歳にしてその部分和の総和平均を考えた[*3]．

定義

$$A_n(x) = \frac{1}{n}(S_1(x) + S_2(x) + \cdots + S_n(x))$$

を部分和 S_n に対する総和平均 (チェザロ和) と呼ぶ (図 8.6).

すぐにわかることは

(1) もし $S_n(x) \to f(x)$ $(n \to \infty)$ ならば $A_n(x) \to f(x)$ $(n \to \infty)$．

(2) $\lim_{n \to \infty} S_n(x)$ が存在しなくとも $\lim_{n \to \infty} A_n(x)$ は存在することはある．

いうことである。例をあげると

例 8.6 級数 $1 - 1 + 1 - 1 - \cdots$ に対してはその部分和 S_n は

$$S_n = \begin{cases} 0, & n = 偶数 \\ 1, & n = 奇数 \end{cases}$$

となり極限 $\lim_{n \to \infty} S_n$ は存在しない。しかしその総和平均 A_n に対しては

$$A_n = \begin{cases} \frac{n}{2n}, & n = 偶数 \\ \frac{n+1}{2n+1}, & n = 奇数 \end{cases}$$

となって極限 $\lim_{n \to \infty} A_n = \frac{1}{2}$ が存在する．

この例はもちろん普通の意味では収束しない級数ではある。しかしその値が

[*3] 高木貞治『定本 解析概論』(岩波書店, 2010) p. 297 参照.

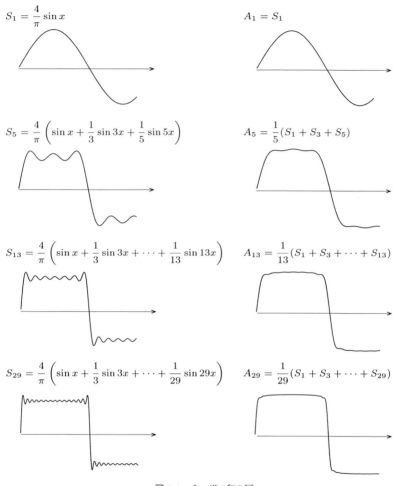

図 8.6 チェザロ和の図
方形波の近似を例とした.

1と0の値を交互に繰り返すのだから，その間をとって級数の和を 1/2 と結論づけるのはそう突拍子もないことではない．総和平均とはそうした極限のことなのである．

ここでは関数列が収束するとはどのようなことかを復習する．

定義 （一様収束） $[a, b]$ 上で定義された関数列 $\{f_n(x)\}_{n=1}^{\infty}$ が $f(x)$ に $[a, b]$ 上で一様収束するとは，任意の $\varepsilon > 0$ に対してある自然数 $N \in \mathbb{N}$ が $x \in [a, b]$ に依存せずに選べて，任意の $n > N$ に対して

$$|f_n(x) - f(x)| < \varepsilon$$

が成立すること.

例 8.7 関数列 $f_n(x) = \cos^n x$ を区間 $[-\pi/2, \pi/2]$ 上で考える.

$$f(x) = \begin{cases} 1, & x = 0 \\ 0, & \text{それ以外} \end{cases}$$

と定義する. このとき (i) 任意の区間内の x について $f_n(x) \to f(x)$ が成り立つこと, (ii) $f_n(x) \to f(x)$ は区間上で一様収束しないことを示せ.

(ii) もし一様収束したとすると, 任意の $\varepsilon > 0$ に対してある N が存在し, すべての $n \geq N$ に対して $|f_n(x)| < \varepsilon$ が $x \in [-\pi/2, 0) \cup (0, \pi/2]$ に対して成立する. このとき $\varepsilon = 1/3$ ととって固定しそれに対応した n を n_0 とおく. すなわち $|f_{n_0}(x)| < \frac{1}{3}$. 一方 $f_{n_0}(x)$ は連続ゆえ任意の $\varepsilon > 0$ に対してある $\delta > 0$ が存在して $|x'| < \delta$ ならば $|f_{n_0}(x') - f_{n_0}(0)| < \varepsilon$ である. 特に $\varepsilon = 1/3$ ととると $|f_{n_0}(x') - f_{n_0}(0)| < \frac{1}{3}$. 一方 $f_{n_0}(0) = 1$ より $\frac{2}{3} < f_{n_0}(x') \leq 1$ これは $|f_{n_0}(x')| < \frac{1}{3}$ に矛盾する.

定理 8.2 (Fejér) $f(x)$ が $[-\pi, \pi]$ 上の連続関数で $f(-\pi) = f(\pi)$ を満たす 2π 周期関数であるとする. このとき f からつくられるフーリエ級数の部分和

$$S_n(x) = \frac{a_0}{2} + \sum_{k=1}^{n-1} (a_k \cos kx + b_k \sin kx)$$

に対する総和平均 (チェザロ和) $A_n(x) = \dfrac{1}{n}(S_1 + S_2 + \cdots + S_n)$ は $n \to \infty$ のとき $f(x)$ に $[-\pi, \pi]$ 上で一様収束する.

この定理によってフーリエ級数が元の関数 f に収束することが示せたわけではない. しかしこの定理はそのための重要な第一歩になる. 証明には次のフェイエル核と呼ばれる関数の性質を利用する. この方法はいささか本書の水準を上回るが, 解析学における典型的な証明の方法を踏襲しているのであえて詳細に記すことにする. 結果を認めてもかまわない読者は, ここはとばして読んでも差し支えはない.

まず部分和をもう一度見直してみる.

$$S_n(x) = \frac{a_0}{2} + \sum_{k=1}^{n-1} (a_k \cos kx + b_k \sin kx)$$

かつ

$$\begin{cases} a_k = \dfrac{1}{\pi} \displaystyle\int_{-\pi}^{\pi} f(y) \cos ky \, dy, & k = 0, 1, 2, \cdots, \\ b_k = \dfrac{1}{\pi} \displaystyle\int_{-\pi}^{\pi} f(y) \sin ky \, dy, & k = 1, 2, \cdots \end{cases}$$

であったから各係数を上の部分和に代入してみると

$$\begin{aligned} S_n(x) &= \frac{a_0}{2} + \sum_{k=1}^{n-1} \frac{1}{\pi} \int_{-\pi}^{\pi} \{f(y) \cos ky \cos kx + f(y) \sin ky \sin kx\} dy \\ &= \frac{1}{\pi} \int_{-\pi}^{\pi} f(y) \left\{ \frac{1}{2} + \sum_{k=1}^{n-1} (\cos ky \cos kx + f(y) \sin ky \sin kx) \right\} dy \\ &= \frac{1}{\pi} \int_{-\pi}^{\pi} f(y) \left\{ \frac{1}{2} + \sum_{k=1}^{n-1} \cos k(y-x) \right\} dy. \end{aligned}$$

ただし最後には $\cos x$ に対する加法定理を用いた. こうして積分の中にある既知関数 (このようなものを積分核あるいは単に核 (kernel) という) を取り出して

$$\sigma_n(t) \equiv \frac{1}{2} + \sum_{k=1}^{n-1} \cos kt$$

と置き, これをフェイエル核と呼ぶ. このとき部分和は

$$S_n(x) = \frac{1}{\pi} \int_{-\pi}^{\pi} f(y) \sigma_n(y-x) dy \tag{8.3}$$

である.

補題 8.3 (1) n を自然数, $t \in (0, \pi]$ とするとき以下が成り立つ.

$$\sigma_n(t) = \frac{1}{2} \frac{\cos(n-1)t - \cos nt}{1 - \cos t}.$$

(2) N を自然数, $t \in (0, \pi)$ とするとき以下が成り立つ.

$$\frac{1}{N} \sum_{n=1}^{N} \sigma_n(t) = \frac{1}{2N} \left(\frac{\sin \frac{Nt}{2}}{\sin \frac{t}{2}} \right)^2.$$

(補題 8.3 の証明)　オイラーの公式から $\cos kt = \frac{1}{2}(e^{ikt} + e^{-ikt})$ となることを用いると容易である.

(1) 1/2 を足して引くと

8.4 フェイエルの方法と平均収束

$$\sigma_n(t) = \frac{1}{2} + \sum_{k=1}^{n-1} \cos kt = \frac{1}{2} + \frac{1}{2}\sum_{k=1}^{n-1}(e^{ikt} + e^{-ikt})$$

$$\text{(第二項は等比級数の和だから)}$$

$$= \frac{1}{2}\left\{\frac{1-e^{int}}{1-e^{it}} + \frac{1-e^{-int}}{1-e^{-it}} - 1\right\}$$

$$= \frac{1}{2}\left\{\frac{(1-e^{int}-e^{-it}+e^{i(n-1)t})-(1-e^{-int}-e^{it}+e^{-i(n-1)t})}{(1-e^{it})(1-e^{-it})} - 1\right\}$$

$$= \frac{1}{2}\left\{\frac{2-(e^{it}-e^{-it})+(e^{i(n-1)t}-e^{-i(n-1)t})-(e^{int}-e^{-int})}{2-e^{it}-e^{-it}} - 1\right\}$$

$$= \frac{1}{2}\left\{\frac{2\cos(n-1)t - 2\cos nt}{2(1-\cos t)}\right\} = \frac{1}{2}\left\{\frac{\cos(n-1)t - \cos nt}{(1-\cos t)}\right\}.$$

(2) 倍角の公式を用いる. $\cos Nt = 1 - 2\cos^2 Nt/2$ に注意すれば,

$$\sum_{n=1}^{N}\sigma_n(t) = \sum_{n=1}^{N}\left\{\frac{1}{2} + \sum_{k=1}^{n-1}\cos kt\right\}$$

$$= \frac{1}{2}\sum_{n=1}^{N}\left\{\frac{\cos(n-1)t - \cos nt}{1 \quad \cos t}\right\} \quad \text{(n は分子にのみ含まれるから)}$$

$$= \frac{1}{2}\frac{1}{1-\cos t}\Big\{(1-\cos t)+(\cos t-\cos 2t)+(\cos 2t-\cos 3t)+\cdots$$

$$\cdots \quad -\cos(n-1)t)+(\cos(N-1)t-\cos Nt)\Big\}$$

$$= \frac{1}{2}\cdot\frac{1-\cos Nt}{1-\cos t}$$

$$\text{(再び倍角の公式 $\cos Nt = 1 - 2\sin^2 Nt/2$ を用いて)}$$

$$= \frac{1}{2}\left(\frac{\sin\frac{Nt}{2}}{\sin\frac{t}{2}}\right)^2.$$

$\square$

(定理 **8.2** の証明) $f(x)$ が 2π 周期関数であるから

$$\int_{-\pi}^{\pi} f(y)\sigma_n(y-x)dy = \int_{-\pi}^{\pi} f(x+z)\sigma_n(z)dz$$

$$\text{($y - x = z$ と変数変換して被積分関数を平行移動)}$$

に注意して

$$A_N(x) = \frac{1}{N}(S_1 + S_2 + \cdots + S_N)$$

$$= \frac{1}{N} \sum_{k=1}^{N} \frac{1}{\pi} \int_{-\pi}^{\pi} f(y) \sigma_n(y-x) dy$$

$$= \frac{1}{N} \sum_{k=1}^{N} \frac{1}{\pi} \int_{-\pi}^{\pi} f(x+y) \sigma_n(y) dy$$

$$= \frac{1}{\pi N} \int_{-\pi}^{\pi} f(x+y) \sum_{k=1}^{N} \sigma_n(y) dy.$$

ここで補題 8.3 (2) を用いて

$$\begin{aligned} A_N(x) &= \frac{1}{\pi N} \int_{-\pi}^{\pi} f(x+y) \frac{\sin^2 Ny/2}{2\sin^2 y/2} dy \\ &= \frac{1}{2\pi N} \int_{-\pi}^{\pi} f(x+y) \frac{\sin^2 Ny/2}{\sin^2 y/2} dy. \end{aligned} \tag{8.4}$$

いまもし $f(x) = 1$ ならば $a_0 = 1$ かつ $a_k = \pi^{-1}(1 \cdot \cos kx) = 0$ $b_k = \pi^{-1}(1 \cdot \sin kx) = 0$ であるから $S_1(x) = S_2(x) = S_3(x) = \cdots = 1$ これより $f(x) = 1$ に対するフーリエ級数の部分和の総和平均は

$$A_N(x) = \frac{1}{N}(S_1 + S_2 + \cdots + S_N) = \frac{1}{N}(1 + 1 + \cdots + 1) = 1$$

となる．したがって，この場合 (8.4) 式は

$$1 = \frac{1}{2\pi N} \int_{-\pi}^{\pi} \frac{\sin^2 Ny/2}{\sin^2 y/2} dy. \tag{8.5}$$

さて以下の議論は解析学ではしばしば現れる，典型的な手法である．(8.5) を応用して

$$\begin{aligned} &A_N(x) - f(x) \\ &= \frac{1}{2\pi N} \int_{-\pi}^{\pi} f(x+y) \frac{\sin^2 Ny/2}{\sin^2 y/2} dy - f(x) \frac{1}{2\pi N} \int_{-\pi}^{\pi} \frac{\sin^2 Ny/2}{\sin^2 y/2} dy \\ &= \frac{1}{2\pi N} \int_{-\pi}^{\pi} \{f(x+y) - f(x)\} \frac{\sin^2 Ny/2}{\sin^2 y/2} dy. \end{aligned}$$

さて，いま $f(x)$ は閉区間 $[-\pi, \pi]$ 上で連続なのでとくに一様連続である．すなわち任意の $\varepsilon > 0$ に対してある $\delta > 0$ が $x \in [-\pi, \pi]$ によらずにとれて $|y| < \delta$ ならば $|f(x+y) - f(x)| < \varepsilon$ とできる．この δ を固定して上記右辺の積分を以下のように三分割する．

$$\begin{aligned} &A_N(x) - f(x) \\ &= \frac{1}{2\pi N} \left\{ \int_{-\pi}^{-\delta} \cdots + \int_{-\delta}^{\delta} \cdots + \int_{\delta}^{\pi} (f(x+y) - f(x)) \frac{\sin^2 Ny/2}{\sin^2 y/2} dy \right\} \end{aligned}$$

$$= I_1 + I_2 + I_3.$$

まず第二項を処理する．上記のように δ を選んだのだから，(8.5) に注意して，

$$\frac{1}{2\pi N}\left|\int_{-\delta}^{\delta}\{f(x+y)-f(x)\}\frac{\sin^2 Ny/2}{\sin^2 y/2}dy\right|$$

$$\leq \frac{1}{2\pi N}\int_{-\delta}^{\delta}|f(x+y)-f(x)|\frac{\sin^2 Ny/2}{\sin^2 y/2}dy$$

$$\leq \frac{\varepsilon}{2\pi N}\int_{-\delta}^{\delta}\frac{\sin^2 Ny/2}{\sin^2 y/2}dy$$

$$\leq \frac{\varepsilon}{2\pi N}\int_{-\pi}^{\pi}\frac{\sin^2 Ny/2}{\sin^2 y/2}dy \quad (\text{積分区間を広げた})$$

$$= \varepsilon. \quad (\text{式 }(8.5)\text{ を用いた})$$

一方 $f(x)$ は閉区間上で連続ゆえ，一様有界としてよい．すなわちある (大きな) 定数 $M>0$ が存在して，$|f(x)| \leq M$ とできる．これより $|f(x+y)-f(x)| \leq 2M$ だから第三項は

$$\frac{1}{2\pi N}\left|\int_{\delta}^{\pi}\{f(x+y)-f(x)\}\frac{\sin^2 Ny/2}{\sin^2 y/2}dy\right|$$

$$(\sin \text{ の部分は正なので})$$

$$\leq \frac{1}{2\pi N}\int_{\delta}^{\pi}|f(x+y)-f(x)|\frac{\sin^2 Ny/2}{\sin^2 y/2}dy$$

$$\leq \frac{M}{\pi N}\int_{\delta}^{\pi}\frac{\sin^2 Ny/2}{\sin^2 y/2}dy$$

$$\leq \frac{M}{\pi N}\int_{\delta}^{\pi}\frac{1}{\sin^2 y/2}dy$$

$$\leq \frac{M(\pi-\delta)}{\pi N}\frac{1}{\sin^2 \delta/2}$$

$$\leq \frac{M}{N\sin^2 \delta/2}.$$

第一項もまったく同一の評価により押さえられる．

これにより

$$|A_N(x)-f(x)|$$

$$= \frac{1}{2\pi N}\left|\int_{-\pi}^{-\delta}\cdots + \int_{-\delta}^{\delta}\cdots + \int_{\delta}^{\pi}(f(x+y)-f(x))\frac{\sin^2 Ny/2}{\sin^2 y/2}dy\right|$$

$$\leq \varepsilon + \frac{2M}{N \sin^2 \delta/2}.$$

したがって N を十分に大きくとれば右辺は 2ε よりも小さくできる．ε は任意に選んでいてかつ δ は x によらなかったので

$$A_n(x) \to f(x) \qquad N \to \infty \quad 一様収束$$

が示せた． $\qquad \Box$

8.5 一様収束とベッセルの不等式

フェイエルの方法は総和平均に対する収束であって，本当の意味での収束 (一様収束) を示したわけではなかったが，以下の重要な展開をもたらした．まずはじめにベッセルの不等式を証明しその後可微分な関数に対するフーリエ級数の一様収束性を証明する．

補題 8.4 (ベッセルの不等式) $f(x)$ を区間 $[-\pi, \pi]$ 上の 2 乗可積分な [*4)] 2π-周期関数であるとする．$B_n(x)$ を $\{c_k\}$ $\{d_k\}$ を任意の数列としたときの三角級数

$$B_n(x) = \frac{c_0}{2} + \sum_{k=1}^{n} (c_k \cos kx + d_k \sin kx)$$

とする．いま

$$J = \frac{1}{\pi} \int_{-\pi}^{\pi} |f(x) - B_n(x)|^2 dx$$

に対して a_k, b_k を f のフーリエ係数としたときに

(1)
$$J = \frac{1}{\pi}(f \cdot f) - \frac{a_0^2}{2} - \sum_{k=1}^{n} (a_k^2 + b_k^2) + \frac{(a_0 - c_0)^2}{2} + \sum_{k=1}^{n} \{(a_k - c_k)^2 + (b_k - d_k)^2\}.$$

(2) (ベッセルの不等式) とくに

$$\inf_{c_k, d_k} J \geq \frac{1}{\pi}(f \cdot f) - \frac{a_0^2}{2} - \sum_{k=1}^{n} (a_k^2 + b_k^2)$$

であり

$$\frac{1}{\pi}(f \cdot f) \geq \frac{a_0^2}{2} + \sum_{k=1}^{n} (a_k^2 + b_k^2)$$

8.5 一様収束とベッセルの不等式　　115

が成り立つ.

(補題 8.4 の証明)　(1) は単に展開するだけである.

$$J = \frac{1}{\pi}\int_{-\pi}^{\pi}(|f(x)|^2 - 2f(x)B_n(x) + |B_n(x)|^2)dx$$

$$= \frac{1}{\pi}(f \cdot f) - \frac{2}{\pi}\int_{-\pi}^{\pi}f(x)B_n(x)dx + \frac{1}{\pi}(B_n \cdot B_n)$$

すると

$$\frac{1}{\pi}\int_{-\pi}^{\pi}f(x)B_n(x)dx$$

$$= \frac{1}{\pi}\left\{\frac{c_0}{2}\int_{-\pi}^{\pi}f(x)dx + \sum_{k=1}^{n}\int_{-\pi}^{\pi}f(x)(c_k\cos kx + d_k\sin kx)dx\right\}$$

$$= \frac{a_0 c_0}{2} + \sum_{k=1}^{n}\left\{c_k\frac{1}{\pi}\int_{-\pi}^{\pi}f(x)\cos kx dx + d_k\frac{1}{\pi}\int_{-\pi}^{\pi}f(x)\sin kx dx\right\}$$

$$= \frac{a_0 c_0}{2} + \sum_{k=1}^{n}(a_k c_k + b_k d_k).$$

さらに

$$\frac{1}{\pi}(B_n \cdot B_n) = \frac{c_0^2}{4}\frac{1}{\pi}\int_{-\pi}^{\pi}dx + \frac{1}{\pi}\int_{-\pi}^{\pi}\left\{\sum_{k=1}^{n}(c_k\cos kx + d_k\sin kx)\right\}^2 dx$$

$$= \frac{c_0^2}{2} + \sum_{k=1}^{n}\left\{c_k c_l\frac{1}{\pi}\int_{-\pi}^{\pi}\cos kx\cos lx dx\right.$$

$$\left. + 2c_k d_l\frac{1}{\pi}\int_{-\pi}^{\pi}\cos kx\sin lx dx + d_k d_l\frac{1}{\pi}\int_{-\pi}^{\pi}\sin kx\sin lx dx\right\}$$

$$= \frac{c_0^2}{2} + \sum_{k=1}^{n}(c_k^2 + d_k^2).$$

したがって

$$J = \frac{1}{\pi}(f \cdot f) - a_0 c_0 - 2\sum_{k=1}^{n}(a_k c_k + b_k d_k) + \frac{c_0^2}{2} + \sum_{k=1}^{n}(c_k^2 + d_k^2)$$

$$= \frac{1}{\pi}(f \cdot f) - \frac{a_0^2}{2} - \sum_{k=1}^{n}(a_k^2 + b_k^2) + \frac{a_0^2}{2} + \sum_{k=1}^{n}(a_k^2 + b_k^2)$$

$$- a_0 c_0 - 2\sum_{k=1}^{n}(a_k c_k + b_k d_k) + \frac{c_0^2}{2} + \sum_{k=1}^{n}(c_k^2 + d_k^2)\quad（同じ項を加え引いた）$$

_____

*4)　関数 $f(x)$ が $[-\pi, \pi)$ 上 2 乗可積分とは，$|f(x)|^2$ が積分可能であること.

$$= \frac{1}{\pi}(f \cdot f) - \frac{a_0^2}{2} - \sum_{k=1}^{n}(a_k^2 + b_k^2) + \frac{(a_0 - c_0)^2}{2}$$
$$+ \sum_{k=1}^{n}\left\{(a_k - c_k)^2 + (b_k - d_k)^2\right\}.$$

(2) 特に (1) の左辺は右辺の正値の項を落として

$$\inf_{c_k, d_k} J \geq \frac{1}{\pi}(f \cdot f) - \frac{a_0^2}{2} - \sum_{k=1}^{n}(a_k^2 + b_k^2)$$

を満たす. あるいは $J \geq 0$ に注意すれば

$$0 \leq J = \frac{1}{\pi}(f \cdot f) - \frac{a_0^2}{2} - \sum_{k=1}^{n}(a_k^2 + b_k^2) + \frac{(a_0 - c_0)^2}{2}$$
$$+ \sum_{k=1}^{n}\left\{(a_k - c_k)^2 + (b_k - d_k)^2\right\}$$

において $c_k = a_k$, $d_k = b_k$ と選ぶと

$$0 \leq \frac{1}{\pi}(f \cdot f) - \frac{a_0^2}{2} - \sum_{k=1}^{n}(a_k^2 + b_k^2).$$

すなわち

$$\frac{1}{\pi}(f \cdot f) \geq \frac{a_0^2}{2} + \sum_{k=1}^{n}(a_k^2 + b_k^2)$$

が成り立つ (和が有限までなので c_k, d_k をこのように選ぶことはフーリエ級数の収束のいかんに関わらず差し支えない). □

ベッセルの不等式を受けて，フーリエ級数が各点収束とは多少異なる意味で収束することを示すことができる.

次にあげる事実はベッセルの不等式 (補題 8.4) から直ちに得られる. 関数 $f(x)$ に連続性を仮定しなくても成立することに注意する.

定理 **8.5** (Riemann-Lebesgue) $f(x)$ を区間 $[-\pi, \pi]$ 上の 2π-周期関数であるとする. いま $f(x)$ が 2 乗可積分関数, すなわち

$$\int_{-\pi}^{\pi}|f(x)|^2 dx < \infty$$

であるならば, そのフーリエ係数 $\{a_k\}_{k=0}^{\infty}$, $\{b_k\}_{k=1}^{\infty}$ について

$$|a_k|, \quad |b_k| \to 0, \qquad k \to \infty$$

が成り立つ.

8.5 一様収束とベッセルの不等式 117

(定理 **8.5** の証明) ベッセルの不等式から

$$\frac{a_0}{2} + \sum_{k=1}^{n} (a_k^2 + b_k^2) \leq \frac{1}{\pi} \int_{-\pi}^{\pi} |f(x)|^2 dx$$

が成り立つ. 左辺は単調増大な数列であって, 上に有界となるから収束する. すなわち

$$\frac{a_0}{2} + \sum_{k=1}^{\infty} (a_k^2 + b_k^2)$$

は収束級数である. 特に $|a_k|^2, |b_k|^2 \to 0$ $(k \to \infty)$ となる. □

ベッセルの不等式を受けて, フーリエ級数が各点収束とは多少異なる意味で収束することを示すことができる. 以下の収束定理が成り立つ.

定理 **8.6** (Fejér) $f(x)$ を区間 $[-\pi, \pi]$ 上の連続な 2π-周期関数であるとする. $S_n(x)$ を f のフーリエ級数部分和

$$S_n(x) = \frac{a_0}{2} + \sum_{k=1}^{n} (a_k \cos kx + b_k \sin kx)$$

とする. このとき

$$\frac{1}{\pi} \int_{-\pi}^{\pi} |f(x) - S_n(x)|^2 dx \to 0, \quad n \to \infty$$

となる. とくにこの収束のことを S_n は f に (2 乗) 平均収束するという.

この定理は, フーリエ級数が各点で元の関数に収束することを示すかわりに, 収束しない部分の誤差について, 誤差の積分 (2 乗平均誤差) がいくらでも小さくなることを示している. これは誤差の関数のグラフの囲む面積がいくらでも小さくなることを意味し, 必ずしも収束しない部分はある意味で非常に小さいことを表している.

(定理 **8.6** の証明) $A_n(x)$ を $S_n(x)$ に対する総和平均

$$A_n(x) = \frac{1}{n} (S_1(x) + S_2(x) + \cdots + S_n(x))$$

とする. フェイエルの定理 (定理 8.2) から A_n は f に $[-\pi, \pi]$ 上一様収束するからとくに積分と収束の交換が可能で

$$\frac{1}{\pi} \int_{-\pi}^{\pi} |f(x) - A_n(x)|^2 dx \to 0, \quad n \to \infty$$

がいえる. ところが補題 8.3 の (1) からとくに b_k と d_k を総和平均を与えるような係数と選べば

$$J \equiv \frac{1}{\pi} \int_{-\pi}^{\pi} |f(x) - A_n(x)|^2 dx \geq \inf_{c_k, d_k} J = \frac{1}{\pi} \int_{-\pi}^{\pi} |f(x) - S_n(x)|^2 dx$$

を得るので

$$\frac{1}{\pi} \int_{-\pi}^{\pi} |f(x) - S_n(x)|^2 dx \to 0, \quad n \to \infty.$$

□

8.6 微分可能な関数のフーリエ級数展開

ベッセルの不等式を用いれば, 微分可能な関数に対してはそのフーリエ級数は一様に収束することが示せる.

定理 8.7 $f(x)$ を区間 $[-\pi, \pi]$ 上の一階微分可能連続 $(C^1)[-\pi, \pi]$ な 2π-周期関数であるとする. このとき f のフーリエ級数展開は f に $[-\pi, \pi]$ 上で一様収束する. すなわち $S_n(x)$ を f のフーリエ級数部分和

$$S_n(x) = \frac{a_0}{2} + \sum_{k=1}^{n} (a_k \cos kx + b_k \sin kx)$$

とすると任意の $\varepsilon > 0$ に対して, ある自然数 $N \in \mathbb{N}$ がとれて, それより大きい任意の自然数 $n > N$ に対して

$$|f(x) - S_n(x)| < \varepsilon, \quad \forall x \in [-\pi, \pi]$$

がいえる.

注意 以下の証明からわかるとおり, 関数 f の一階導関数が有界であれば, そのフーリエ級数は一様収束することがわかる.

(定理 **8.7** の証明) f が微分可能ゆえ部分積分することにより

$$a_k = \frac{1}{\pi} \int_{-\pi}^{\pi} f(x) \cos kx dx = \frac{1}{\pi} \int_{-\pi}^{\pi} f(x) \left(\frac{1}{k} \sin kx \right)' dx$$

$$= \frac{1}{\pi} \left[f(x) \sin kx \right]_{-\pi}^{\pi} - \frac{1}{\pi k} \int_{-\pi}^{\pi} f'(x) \sin kx dx$$

$$= 0 - \frac{1}{\pi k} \int_{-\pi}^{\pi} f'(x) \sin kx dx.$$

同様にして

$$b_k = \frac{1}{\pi} \int_{-\pi}^{\pi} f(x) \sin kx dx = -\frac{1}{\pi} \int_{-\pi}^{\pi} f(x) \left(\frac{1}{k} \cos kx \right)' dx$$

$$= -\frac{1}{\pi} \left[f(x) \cos kx \right]_{-\pi}^{\pi} + \frac{1}{\pi k} \int_{-\pi}^{\pi} f'(x) \cos kx dx$$

$$= \left[-\frac{1}{\pi k} (f(\pi) \cos k\pi - f(-\pi) \cos k\pi) \right] + \frac{1}{\pi k} \int_{-\pi}^{\pi} f'(x) \cos kx dx$$

$$= \frac{1}{\pi k} \int_{-\pi}^{\pi} f'(x) \cos kx dx.$$

そこで f' のフーリエ係数を $\tilde{a}_k$, $\tilde{b}_k$ とおくと

$$\begin{cases} a_k = -\dfrac{1}{k} \tilde{b}_k, \\ b_k = \dfrac{1}{k} \tilde{a}_k \end{cases}$$

である．一方ベッセルの不等式より

$$\frac{\tilde{a}_0^2}{4} + \sum_{k=1}^{\infty} (\tilde{a}_k^2 + \tilde{b}_k^2) \leq \frac{1}{\pi} \int_{-\pi}^{\pi} |f'(x)|^2 dx < \infty$$

なので $\displaystyle\sum_{k=1}^{\infty} (\tilde{a}_k^2 + \tilde{b}_k^2)$ は収束級数である．よって相加相乗平均の不等式から

$$\left| \sum_{k=1}^{n-1} a_k \right| \leq \sum_{k=1}^{n-1} |a_k| \leq \sum_{k=1}^{n-1} \left| \frac{1}{k} \tilde{b}_k \right|$$

$$\leq \frac{1}{2} \sum_{k=1}^{\infty} \left\{ \frac{1}{k^2} + \tilde{b}_k^2 \right\} < \infty$$

から $\displaystyle\sum_{k=1}^{\infty} a_k$ は絶対収束列となる．同様にして $\displaystyle\sum_{k=1}^{\infty} b_k$ も絶対収束列となること
が示せる．以上により $S_k(x) = \dfrac{a_0}{2} + \displaystyle\sum_{k=1}^{\infty} (a_k \cos kx + b_k \sin kx)$ が $[-\pi, \pi]$ 上
で一様かつ絶対収束することがわかった．さらに定理 8.6 よりその収束極限は
$f(x)$ と一致することがわかる． □

8.7 フーリエ級数の計算

実際に以下の例においてフーリエ級数を計算してみる．

120　　　　　　　　8. フーリエ級数

例 **8.8**　$f(x) = x$ をフーリエ級数に展開せよ. ただし $x \in [-\pi, \pi]$ とする.

$$
\begin{aligned}
a_k &= \frac{1}{\pi} \int_{-\pi}^{\pi} x \cos kx\, dx = \frac{1}{\pi k} \int_{-\pi}^{\pi} x \left(\frac{1}{k} \sin kx\right)' dx \\
&= \left[\frac{1}{\pi k} x \sin kx\right]_{-\pi}^{\pi} - \frac{1}{\pi k} \int_{-\pi}^{\pi} \sin kx\, dx \\
&= 0, \\
b_k &= \frac{1}{\pi} \int_{-\pi}^{\pi} x \sin kx\, dx = -\frac{1}{\pi k} \int_{-\pi}^{\pi} x \left(\frac{1}{k} \cos kx\right)' dx \\
&= \left[-\frac{1}{\pi k} x \cos kx\right]_{-\pi}^{\pi} + \frac{1}{\pi k} \int_{-\pi}^{\pi} \cos kx\, dx \\
&= -\frac{1}{\pi k} \left[\pi \cos \pi k - \pi \cos \pi k\right] = -\frac{2}{k} \cos k\pi \\
&= \frac{2}{k} (-1)^{k+1}.
\end{aligned}
$$

よって

$$
\begin{aligned}
x &= \sum_{k=1}^{\infty} \frac{2}{k} (-1)^{k+1} \sin kx \\
&= 2 \left(\sin x - \frac{1}{2} \sin 2x + \frac{1}{3} \sin 3x - \frac{1}{4} \sin 4x \cdots\right).
\end{aligned}
$$

例 **8.9**　$f(x) = x^2$ をフーリエ級数に展開せよ.

例 8.8 の結果を積分する. すると $a_k = \dfrac{4}{k^2} (-1)^k$ だから

$$
x^2 = \frac{\pi^2}{3} + \sum_{k=1}^{\infty} \frac{4}{k^2} (-1)^k \cos kx.
$$

例 **8.10**　$f(x) = |x|$ をフーリエ級数に展開せよ.

$k \neq 0$ のとき

$$
\begin{aligned}
a_k &= \frac{1}{\pi} \int_{-\pi}^{\pi} |x| \cos kx\, dx \\
&= \frac{1}{\pi} \int_{0}^{\pi} x \cos kx\, dx - \frac{1}{\pi} \int_{-\pi}^{0} x \cos kx\, dx \\
&= \frac{1}{\pi} \int_{0}^{\pi} x \left(\frac{1}{k} \sin kx\right)' dx - \frac{1}{\pi} \int_{-\pi}^{0} x \left(\frac{1}{k} \sin kx\right)' dx \\
&= \left[\frac{1}{\pi k} x \sin kx\right]_{0}^{\pi} - \left[\frac{1}{\pi k} x \sin kx\right]_{-\pi}^{0}
\end{aligned}
$$

$$-\frac{1}{\pi k}\int_0^\pi \sin kx dx + \frac{1}{\pi k}\int_{-\pi}^0 \sin kx dx$$

$$= 0 - \frac{2}{\pi k}\int_0^\pi \sin kx dx = \frac{2}{\pi k}\left[\frac{1}{k}\cos kx\right]_0^\pi$$

$$= \frac{2}{\pi k^2}(\cos k\pi - 1) = \frac{2}{\pi k^2}\{(-1)^k - 1)\}, \quad k \geq 1.$$

$$b_k = \frac{1}{\pi}\int_{-\pi}^\pi |x|\sin kx dx$$

$$= \frac{1}{\pi}\int_0^\pi x \sin kx dx - \frac{1}{\pi}\int_{-\pi}^0 x \sin kx dx$$

$$= \frac{1}{\pi}\int_0^\pi x \sin kx dx - \frac{1}{\pi}\int_\pi^0 (-x)\sin(-kx)d(-x)$$

$$= \frac{1}{\pi}\int_0^\pi x \sin kx dx - \frac{1}{\pi}\int_0^\pi x \sin kx dx$$

$$= 0.$$

さらに $k = 0$ のとき

$$a_0 = \frac{1}{\pi}\int_{-\pi}^\pi |x|dx = \pi.$$

したがって

$$|x| = \frac{\pi}{2} + \sum_{k=1}^\infty \frac{2}{\pi k^2}\{(-1)^k - 1\}\cos kx.$$

$f(x)$ が $f(x) = f(-x)$ のとき $f(x)$ は偶関数であるといい $f(x) = -f(-x)$ のとき奇関数であるという. 偶関数はそのグラフが y 軸に対して対称であり, 奇関数はグラフが原点について対称である. また偶関数同士の和は偶関数となり奇関数同士の和は奇関数となる (確かめよ).

命題 8.8 (1) f が $[-\pi, \pi]$ 上で偶関数ならばそのフーリエ係数のうち $\sin kx$ の係数 b_k はすべて 0.

(2) f が $[-\pi, \pi]$ 上で奇関数ならばそのフーリエ係数のうち $\cos kx$ の係数 a_k はすべて 0.

(命題 **8.8** の証明) (1) f を偶関数とする. すなわち $f(x) = f(-x)$. このとき

$$b_k = \frac{1}{\pi}\int_{-\pi}^{\pi} f(x)\sin kx dx = \frac{1}{\pi}\int_{-\pi}^{\pi} f(-x')\sin k(-x')dx'$$

$$= -\frac{1}{\pi}\int_{-\pi}^{\pi} f(x')\sin kx' dx' = -b_k.$$

よって $2b_k = 0$. $\qquad\qquad\qquad\qquad\qquad\qquad\qquad\qquad\qquad\qquad\square$

問題 8.5 (2) を示せ.

例 8.11 $f(x) = \begin{cases} \pi - x, & 0 \leq x \leq \pi, \\ x + \pi, & -\pi \leq x < 0 \end{cases}$ をフーリエ級数に展開せよ.

f は偶関数ゆえ正弦関数の係数 b_k は 0 である. したがって

$$a_k = \frac{1}{\pi}\int_{-\pi}^{\pi} f(x)\cos kx dx$$

$$= \frac{1}{\pi}\int_{0}^{\pi}(\pi - x)\cos kx dx + \frac{1}{\pi}\int_{-\pi}^{0}(x + \pi)\cos kx dx$$

$$= \frac{1}{\pi}\int_{-\pi}^{\pi}\pi\cos kx dx - \frac{1}{\pi}\int_{-\pi}^{\pi}|x|\cos kx dx$$

$$= \begin{cases} 2\pi - \pi = \pi, & k = 0, \\ 0 - \frac{2}{\pi k^2}\{(-1)^k - 1\} = \frac{2}{\pi k^2}\{1 - (-1)^k\}, & k = 1, 2, \cdots. \end{cases}$$

よって

$$f(x) = \frac{\pi}{2} + \sum_{k=1}^{\infty}\frac{2}{\pi k^2}\{1 - (-1)^k\}\cos kx.$$

例 8.12 $f(x) = \cos\mu x$ をフーリエ級数に展開せよ.

f は偶関数ゆえ正弦関数の係数 b_k は 0 である.

$$a_k = \frac{1}{\pi}\int_{-\pi}^{\pi} f(x)\cos kx dx$$

$$= \frac{2}{\pi}\int_{0}^{\pi}\cos\mu x\cos kx dx$$

$$= \frac{2}{\pi}\left\{\frac{1}{2}\left(\int_{0}^{\pi}\pi\cos(\mu - k)x dx + \int_{0}^{\pi}\cos(\mu + k)x dx\right)\right\}$$

$$= \frac{1}{\pi}\left[\frac{1}{\mu - k}\sin(\mu - k)x + \frac{1}{\mu + k}\sin(\mu + k)x\right]_{0}^{\pi}$$

$$= \frac{1}{\pi}\left(\frac{1}{\mu - k}\sin\pi(\mu - k) + \frac{1}{\mu + k}\sin\pi(\mu + k)\right)$$

$$= \frac{(-1)^k}{\pi}\Big(\frac{1}{\mu - k}\sin\pi\mu + \frac{1}{\mu + k}\sin\pi\mu\Big)$$

$$= \frac{2\mu(-1)^k\sin\mu\pi}{\pi(\mu^2 - k^2)}.$$

よって

$$\cos\mu x = \frac{1}{\pi\mu}\sin\pi\mu + \sum_{k=1}^{\infty}\frac{2\mu(-1)^k\sin\mu\pi}{\pi(\mu^2 - k^2)}\cos kx.$$

とくに $\mu = 1/2$ ならば

$$\cos\frac{1}{2}x = \frac{2}{\pi} + \sum_{k=1}^{\infty}\frac{(-1)^k}{\pi(1/4 - k^2)}\cos kx.$$

8.8　フーリエ級数の収束

　前の節では微分できる関数のフーリエ級数が収束することをみた．その証明では定理のあとの注意にもあるように，関数の微分係数が一様に有界であれば十分であった．このような関数をリプシッツ連続関数と呼ぶ．周期関数がリプシッツ連続であればフーリエ級数は収束する．しかし一般に微分係数が有界ではない関数も多い．この節では前述の議論をより精密にして必ずしも微分できない関数に対するフーリエ級数の収束を考える．

　一般にフーリエ級数は連続性だけでは一様収束を保証できない．すでにみたように関数の一階微分が x によらずに有界であれば一様収束する．そこで連続性と一階微分が有界になる関数の中間的性質をもった関数を分類する．

定義　(ヘルダー連続性)　$0 < \alpha < 1$ とする．$[a, b]$ 上で定義された関数 $f(x)$ が $[a, b]$ 上で α 次ヘルダー連続であるとは，ある定数 $L > 0$ が存在して $x, y \in [a, b]$ に対して

$$|f(x) - f(y)| \le L|x - y|^{\alpha}$$

が成立するとき．次数 α にこだわらずそのような α が存在するとき，f を単にヘルダー連続であるという (図 8.7)．

　ヘルダー連続性の定義から $\alpha = 1$ であれば $f(x)$ はリプシッツ連続であることがわかる．$f(x)$ がリプシッツ連続であってかつ微分できると，その導関数は有界であることが定義からすぐにわかる (導関数は定数 L を超えない)．したがって $\alpha = 1$ が定理 8.6 の仮定を満たす場合であることがわかる．他方，α 次

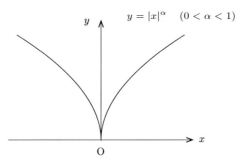

図 8.7 ヘルダー連続な関数のグラフ

ヘルダー連続関数は連続関数であることは容易に示せる．したがって α 次ヘルダー連続関数は連続関数よりも制限が厳しく，一階微分可能連続関数よりも制限が緩い．そういう関数の種類を分類しているものである．

ヘルダー連続関数の典型的な例は $0 < \alpha < 1$ として $[-1,1]$ 上の $f(x) = |x|^\alpha$ である．$x = 0$ 以外ではこの関数は微分可能で，したがって $x = 0$ の近くの点を除けば (平均値の定理から) $f(x)$ はリプシッツ連続であることがわかる．他方 $x = 0$ を考慮に入れると

$$|f(x) - f(y)| = ||x|^\alpha - |y|^\alpha| = |y|^\alpha = |x - y|^\alpha$$

となって確かに α 次ヘルダー連続である．

さて以下ではこうしたヘルダー連続関数に対するフーリエ級数の収束を考える．まずフェイエル核に関する以下の簡単な注意から始める．

$$\sigma_n(t) \equiv \frac{1}{2} + \sum_{k=1}^{n-1} \cos kt$$

であった．

補題 8.9 n を自然数，$t \in (0, \pi]$ とするとき以下が成り立つ．
$$\sigma_n(t) = \frac{1}{2} \frac{\sin(n - 1/2)t}{\sin t/2}.$$

(補題 8.9 の証明) これは補題 8.3 からの簡単な帰結である．実際加法定理から

$$\cos(n-1)t - \cos nt = \cos\big((n-1/2)t - t/2\big) - \cos\big((n-1/2)t + t/2\big)$$
$$= \cos(n-1/2)t \cos t/2 + \sin(n-1/2)t \sin t/2$$

$$- \cos(n - 1/2)t \cos t/2 + \sin(n - 1/2)t \sin t/2$$
$$= 2 \sin(n - 1/2)t \sin t/2.$$

他方分母も $1 - \cos t = 2 \sin^2 t/2$ だから約分すればよい. □

さてフーリエ級数の部分和 S_n はフェイエル核を用いて次のように表されるのであった ((8.3) 参照).

$$S_n(x) = \frac{1}{\pi} \int_{-\pi}^{\pi} f(x + y) \sigma_n(y) dy. \tag{8.6}$$

フェイエルの方法のときに述べたように，もし $f(x) \equiv 1$ ならば $a_0 = 2$ かつ $a_k = b_k = 0$ となるので

$$1 = \frac{1}{\pi} \int_{-\pi}^{\pi} \sigma_n(y) dy. \tag{8.7}$$

これを組み合わせると必ずしも微分できない関数に対してもフーリエ級数の収束がいえる.

定理 8.10 $f(x)$ を区間 $[-\pi, \pi]$ 上の 2 乗可積分で 2π-周期関数であるとし，任意の $\varepsilon > 0$ に対してある $\delta > 0$ が $x \in [-\pi, \pi]$ によらずにとれて

$$\int_{-\delta}^{\delta} \left| \frac{f(x + y) - f(x)}{y} \right| dy < \varepsilon$$

が成り立つとする. このとき f のフーリエ級数展開は，f に $[-\pi, \pi]$ 上で収束する.

(定理 8.10 の証明)
$$|S_n(x) - f(x)| = \frac{1}{\pi} \left| \int_{-\pi}^{\pi} \frac{f(x + y) - f(x)}{\sin y/2} \sin\left((n - 1/2)y\right) dy \right|$$
$$= \frac{2}{\pi} \left| \int_{-\pi}^{\pi} \frac{f(x + y) - f(x)}{\sin y/2} \left(\sin ny \cos y/2 - \sin y/2 \cos ny \right) dy \right|$$
$$\leq \frac{2}{\pi} \left| \int_{\delta}^{\pi} + \int_{-\pi}^{-\delta} \left(f(x + y) - f(x) \right) \left(\frac{\sin ny}{\tan y/2} + \cos ny \right) dy \right|$$
$$+ \frac{2}{\pi} \left| \int_{-\delta}^{\delta} \frac{f(x + y) - f(x)}{y} \frac{y}{\sin y/2} \left(\sin ny \cos y/2 \right. \right.$$
$$\left. \left. - \sin y/2 \cos ny \right) dy \right|.$$
$$\tag{8.8}$$

まず第一項は x を固定して二つの関数 $g(y)$ と $h(y)$ を

$$
\begin{cases}
g(y) = \begin{cases} \dfrac{f(x+y)-f(x)}{\tan y/2}, & \delta \le |x| \le \pi, \\[2mm] 0, & |x| < \delta, \end{cases} \\[6mm]
h(y) = \begin{cases} f(x+y)-f(x), & \delta \le |x| \le \pi, \\[2mm] 0, & |x| < \delta \end{cases}
\end{cases}
$$

とおけば，それぞれのフーリエ係数 $b_k(g)$, $a_k(h)$ は

$$
\begin{cases}
b_n(g) = \dfrac{1}{\pi} \displaystyle\int_{-\pi}^{\pi} g(y) \sin ny\, dy, \\[4mm]
a_n(h) = \dfrac{1}{\pi} \displaystyle\int_{-\pi}^{\pi} h(y) \cos ny\, dy
\end{cases}
$$

である．

仮定より $g(y)$, $h(y)$ ともに 2 乗可積分関数となり，定理 8.5 から $|b_k(g)| \to 0$, $|a_k(h)| \to 0$ $(k \to \infty)$ となる（定理 8.5 で f の連続性を仮定していないことに注意する）．したがって任意の $\varepsilon > 0$ に対して，十分大きな自然数 $N \in \mathbb{N}$ があって $n \ge N$ に対してすべての x について

$$
\frac{2}{\pi} \left| \int_{\delta}^{\pi} + \int_{-\pi}^{-\delta} \left(f(x+y)-f(x) \right) \left(\frac{\sin ny}{\tan y/2} + \cos ny \right) dy \right|
$$

$$
\le 2|b_n(g)| + 2|a_n(h)| \le \varepsilon
$$

が成り立つ．

他方，式 (8.8) 右辺，第二項は十分小さい $\delta > 0$ に対して，$|y| < \delta$ ならば $\left| \frac{y}{2\sin y/2} \right| \le 3/2$ であることと，$|\sin ny \cos y/2 - \sin y/2 \cos ny| \le 2$ だから定理の仮定を用いて

$$
\frac{2}{\pi} \left| \int_{-\delta}^{\delta} \frac{f(x+y)-f(x)}{y} \frac{y}{\sin y/2} \left(\sin ny \cos y/2 - \sin y/2 \cos ny \right) dy \right|
$$

$$
\le \frac{3}{\pi} \int_{-\delta}^{\delta} \left| \frac{f(x+y)-f(x)}{y} \right| dy \le \frac{3\varepsilon}{\pi} < \varepsilon.
$$

以上により式 (8.8) 右辺は x によらず一様に 2ε で押さえられ，フーリエ級数が収束することを示している． $\square$

この定理から次の系が導かれる．

8.9 不連続点における考察

系 8.11　$f(x)$ を区間 $[-\pi, \pi]$ 上の 2π-周期関数で $\alpha > 0$ に対して α-ヘルダー連続であるとする．すなわち任意の $x, y \in [-\pi, \pi]$ に対してある定数 $C_\alpha > 0$ があって

$$|f(x) - f(y)| \le C_\alpha |x - y|^\alpha$$

が成り立つとする．このとき f のフーリエ級数展開は f に $[-\pi, \pi]$ 上で収束する．

(系 8.11 の証明)　定理 8.10 の仮定を満たすことを示せばよい．実際 f は α ヘルダー連続なので，連続特に一様連続である．したがって f は 2 乗可積分となる．他方任意の ε に対してある δ があって，すべての x に対して

$$\left| \frac{f(x+y) - f(y)}{y} \right| \le \frac{|f(x+y) - f(y)|}{|y|^\alpha |y|^{1-\alpha}} \le \frac{C_\alpha}{|y|^{1-\alpha}}$$

が成り立つため

$$\int_{-\delta}^\delta \left| \frac{f(x+y) - f(x)}{y} \right| dy \le \int_{-\delta}^\delta \frac{C_\alpha}{|y|^{1-\alpha}} dy \le 2C_\alpha \Big[|y|^\alpha \Big]_0^\delta = 2\delta^\alpha C_\alpha$$

である．特に $\delta > 0$ を小さく選べば x によらずに右辺はいくらでも小さくできる．したがって f は定理 8.10 の仮定を満たす．　□

8.9　不連続点における考察

いままではフーリエ級数展開される関数がなめらかか，せいぜい連続程度の関数として扱ってきた．しかし一般の関数を $[-\pi, \pi]$ に制限して周期関数と見なすと $x = \pm\pi$ の点で不連続点を生じてしまう．したがって考える区間 $[-\pi, \pi]$ 内に，関数の不連続点がある場合を考察しておく必要が生じる．ここでは，不連続点におけるフーリエ級数の振る舞いについて考える．

たとえば $f(x) = x$ を $[-\pi, \pi]$ 上に制限してフーリエ級数展開することを考えると前節までの議論から，$f(x)$ が微分できる区間である $(-\pi, \pi)$ ではフーリエ級数は収束しているが，関数のグラフにジャンプがある $x = \pm\pi$ での振る舞いが問題となる．このような不連続点ではフーリエ級数は本当に収束しているのか？　より一般に，考えている区間 $(-\pi, \pi)$ の中に不連続点を含む関数のフーリエ級数を求める必要性が生じることもある．

128   8. フーリエ級数

　以下で $[-\pi, \pi]$ 上，区分的になめらかな関数とは有限個の不連続点をのぞいて
その関数がなめらか (連続で数階微分できる程度) とする．関数は 2 乗可積分

$$\int_{-\pi}^{\pi} |u(x)|^2 dx < \infty$$

であるものと仮定する．

　(1) 例 8.8 (p. 120) により

$$x = \sum_{k=1}^{\infty} \frac{2}{k}(-1)^{k+1} \sin kx$$

だった．

ここで形式的に $x \to \pm\pi$ としてみると右辺は 0 となる．すなわち $\pm\pi = 0$ と
なってフーリエ級数が収束していないことを示している．

　(2) もし $f(x)$ が x に近い関数でかつたとえば一階微分可能な関数であればそ
のフーリエ級数は収束する．

ここで級数の $x = \pm\pi$ での値 0 は $x = -\pi$ と $x = \pi$ の値の平均値となってい
る．実際，関数を二階微分可能な関数であるような関数で近似すれば $x = \pm\pi$
での値は 0 とならざるを得ない．このことから以下の事実が判明する．

　定理 8.12 $f(x)$ を区間 $[-\pi, \pi]$ 上で区分的に微分可能有界関数としその
フーリエ係数を $a_k b_k$ とすると，そのフーリエ級数は絶対収束し，その極
限は

$$\frac{a_0}{2} + \sum_{k=1}^{\infty} (a_k \cos kx + b_k \cos kx) = \begin{cases} f(x), & x \text{ で連続,} \\ \frac{1}{2}(f(x-0) + f(x+0)), & x \text{ が不連続点} \end{cases}$$

となる．特に，不連続点を含まない閉区間上ではフーリエ級数は f に一様
収束する．

(**定理 8.12 の証明の概略**)　不連続点を含む級数が絶対収束することは元の関数
が 2 乗可積分であることと，補題 8.4 のベッセルの不等式

$$\left(\frac{a_0}{2} + \sum_{k=1}^{\infty} (|a_k| + |b_k|)\right)^2 \le \frac{a_0^2}{2} + \sum_{k=1}^{\infty} (a_k^2 + b_k^2) \le \frac{1}{\pi}\int_{-\pi}^{\pi} |f(x)|^2 dx$$

から容易にわかる．また不連続点以外ではなめらかと仮定しているので定理 8.6

8.9 不連続点における考察

より一様収束することがわかる．したがって不連続点で元の関数の左右平均値に収束することを示せばよい．以下簡単のため $f(x)$ の不連続点が $x = 0$ にのみあるとして $x = 0$ の近くでの収束を議論する．まず

$$g(x) = \begin{cases} x - \pi, & 0 < x \leq \pi, \\ 0, & x = 0, \\ x + \pi, & -\pi \leq x < 0 \end{cases}$$

とおくと，これは $[-\pi, \pi]$ 上に周期的に制限された x を右に π だけシフトさせた関数であり，そのフーリエ展開は

$$\begin{aligned} g(x) &= \{x \text{ のフーリエ級数展開}\}|_{x \to x-\pi} \\ &= \sum_{k=1}^{\infty} \frac{2}{k}(-1)^{k+1} \sin kx|_{x \to x-\pi} \\ &= \sum_{k=1}^{\infty} \frac{2}{k}(-1)^{k+1} \sin k(x-\pi) \\ &= -\sum_{k=1}^{\infty} \frac{2}{k} \sin kx \end{aligned}$$

である (図 8.8)．

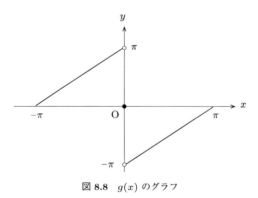

図 **8.8** $g(x)$ のグラフ

$g(x)$ を原点で 0 と定義しているおかげで，この等式は $x = 0$ の点を含めて正しいことに注意する．

さていま $f(x)$ の原点における不連続点について

$$a = \frac{1}{2}\{f(x-0) + f(x+0)\} : f \text{ の } x = 0 \text{ における左右極限の平均値}$$

$$h = \{f(x-0) - f(x+0)\} : x = 0 \text{ における飛びの大きさ}$$

として不連続点を特徴づける．そして
$$F(x) = \begin{cases} 0, & x = 0, \\ f(x) - \left\{\dfrac{h}{2\pi}g(x) + a\right\}, & x \neq 0 \end{cases}$$
とおくと $F(x)$ は $[-\pi, \pi]$ 上で連続な周期関数となる (図 8.9).

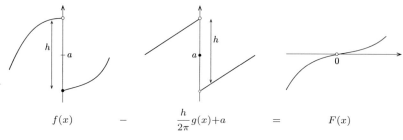

図 8.9　$F(x)$ のグラフ

実際 $g(x \mp 0) = \pm\pi$ だから
$$F(x-0) = f(x-0) - \left(\frac{h}{2\pi}\pi + a\right) = f(x-0) - \frac{h}{2} - a = a - a = 0,$$
$$F(x+0) = f(x+0) - \left\{\frac{h}{2\pi}(-\pi) + a\right\} = f(x+0) + \frac{h}{2} - a = a - a = 0.$$
すると定理 8.6 により $F(x)$ のフーリエ級数は F 自身に $[-\pi, \pi]$ 上一様収束する．
$$F(x) = \frac{a_0}{2} + \sum_{k=1}^{\infty}(a_k \cos kx + b_k \sin kx)$$
と展開されたとすると $f(x) = F(x) + \frac{2}{\pi}g(x) + a$ により $x \neq 0$ ならば
$$f(x) = \frac{a_0}{2} + a + \sum_{k=1}^{\infty}\left\{a_k \cos kx + \left(b_k - \frac{4}{\pi k}\right)\sin kx\right\}$$
と展開できる．右辺の級数は $x = 0$ のときは $F(0) = g(0) = 0$ なので a だけ残り $\frac{1}{2}(f(x-0) + f(x+0))$ となる．　　　　　　　　　　　　　□

例 8.13 ハール (Haar) 関数 (もっとも簡単なデジタル信号)
$$f(x) = \begin{cases} 1, & 0 < x < \pi, \\ 0, & x = 0, \pm\pi, \\ -1, & -\pi < x < 0 \end{cases}$$
をフーリエ級数展開せよ．

f は奇関数ゆえ $a_k = 0$. b_k を求めると

$$b_k = \frac{1}{\pi} \int_{-\pi}^{\pi} f(x) \sin kx dx = \frac{1}{\pi} \int_0^{\pi} \sin kx dx - \frac{1}{\pi} \int_{-\pi}^0 \sin kx dx$$

$$= \frac{1}{\pi} \left[-\frac{1}{k} \cos kx \right]_0^{\pi} - \frac{1}{\pi} \left[-\frac{1}{k} \cos kx \right]_{-\pi}^0$$

$$= \frac{1}{\pi k} (-\cos k\pi + 1) - \frac{1}{\pi k} (-1 + \cos k\pi)$$

$$= \frac{2}{\pi k} (1 - (-1)^k).$$

よって

$$f(x) = \sum_{k=1}^{\infty} \frac{2}{\pi k} (1 - (-1)^k) \sin kx = \frac{4}{\pi} \left(\sin x + \frac{1}{3} \sin 3x + \frac{1}{5} \sin 5x + \cdots \right).$$

この展開は $1/k$ の周波数特性をしている (一般の波形はおおむね $1/k^2$ 特性).

8.10　フーリエ級数の複素数化

フーリエ級数は複素数により表示すると表記が簡素になり好都合であるが, それ以外にも利点がある. 次の公式 (オイラーの公式)

$$e^{ikx} = \cos kx + i \sin kx$$

によりフーリエ級数の $\cos kx$-級数と $\sin kx$-級数を統一的に表記することが可能である.

$f(x) \sim \dfrac{a_0}{2} + \displaystyle\sum_{k=1}^{\infty} (a_k \cos kx + b_k \sin kx)$ と展開できたとする. ここで

$$\begin{cases} a_k = \dfrac{1}{\pi} \displaystyle\int_{-\pi}^{\pi} f(x) \cos kx dx, \quad k = 0, 1, 2, \cdots, \\ b_k = \dfrac{1}{\pi} \displaystyle\int_{-\pi}^{\pi} f(x) \sin kx dx, \quad k = 1, 2, \cdots \end{cases}$$

であった. そこで

$$c_k \equiv a_k - ib_k = \frac{1}{\pi} \int_{-\pi}^{\pi} f(x) \{\cos kx - i \sin kx\} dx$$

$$= \frac{1}{\pi} \int_{-\pi}^{\pi} f(x) e^{-ikx} dx, \quad k = 1, 2, \cdots$$

とおく. オイラーの公式から

$$\begin{cases} \cos kx = \dfrac{1}{2}(e^{ikx} + e^{-ikx}), \\ \sin kx = -i\dfrac{1}{2}(e^{ikx} - e^{-ikx}) \end{cases}$$

なので

$$f(x) \simeq \frac{1}{2}a_0 + \sum_{k=1}^{\infty}\left\{\frac{1}{2}a_k(e^{ikx} + e^{-ikx}) - \frac{ib_k}{2}(e^{ikx} - e^{-ikx})\right\} \qquad (b_0 = 0)$$

$$= \frac{1}{2}(a_0 + ib_0)e^{io\cdot x} + \frac{1}{2}\sum_{k=1}^{\infty}\left\{(a_k - ib_k)e^{ikx} + (a_k + ib_k)e^{-ikx}\right\}$$

$$= \frac{1}{2}\left\{\sum_{k=-\infty}^{\infty}(a_k - ib_k)e^{ikx}\right\} = \frac{1}{2}\sum_{k=-\infty}^{\infty}c_k e^{ikx}.$$

すなわち

$$f(x) \simeq \frac{1}{2}\sum_{k=-\infty}^{\infty}c_k e^{ikx}, \quad c_k = \frac{1}{\pi}\int_{-\pi}^{\pi}f(x)e^{-ikx}dx.$$

これを f のフーリエ級数の複素数化あるいは複素フーリエ級数展開と呼ぶ. この表現を用いると，$\sin kx$ と $\cos kx$ の係数を分離して表さずにすむほか，式の中に対称な積分核 e^{ikx} が現れることに気づく．これは次章で扱うフーリエ変換への布石となる.

問題 8.6 フーリエ級数の計算の節の例をそれぞれ複素フーリエ級数で展開してみよ.

演 習 問 題

8.1

(1) $f(x) = x^2$ を $[-\pi, \pi]$ 上でフーリエ級数展開せよ.

(2) $f(x) = |\sin x|$ を $[-\pi, \pi]$ 上でフーリエ級数展開せよ.

(3) $f(x) = x^3 - \pi^2 x$ を $[-\pi, \pi]$ 上でフーリエ級数展開せよ.

(4) $f(x) = x$ の $[-\pi, \pi]$ 上での複素フーリエ級数展開を求めよ.

(5) $f(x) = e^x$ を $[-\pi, \pi]$ 上の周期関数と見なした場合の複素フーリエ級数展開を求めよ.

演 習 問 題　　　　　　　　　　　133

8.2

(1)　k, m が整数のとき，各 k, m に対して $\dfrac{1}{\pi}\displaystyle\int_{-\pi}^{\pi} e^{-ikx}e^{imx}dx$ を求めよ.

(2)　任意の複素数列 $\{d_k\}_{k=0,\pm1,\pm2,\cdots}$ に対し，$B_n(x)=\dfrac{1}{2}\displaystyle\sum_{k=-n}^{n} d_k e^{ikx}$ とおく．
このとき
$$J=\frac{1}{\pi}\int_{-\pi}^{\pi}|f(x)-B_n(x)|^2 dx$$
は $d_k=c_k$ のときに最小値をとることを示せ. ただし c_k は f の複素フーリエ係数 $c_k=\dfrac{1}{\pi}\displaystyle\int_{-\pi}^{\pi} f(x)e^{-ikx}dx$ である.

8.3　$f(x)=x^2$ のフーリエ級数展開を利用して
$$\frac{\pi^2}{6}=\sum_{k=1}^{\infty}\frac{1}{k^2}$$
を証明せよ.

8.4　与えられた数列 $\{a_k\}$ に対する総和平均 A_n に対して，以下のハーディの不等式
$$\sum_{k=1}^{\infty}|A_k|^p \le \left(\frac{p}{p-1}\right)^p \sum_{k=1}^{\infty}|a_k|^p$$
が成立する. ここで $1<p<\infty$ である. この不等式を次の積分不等式を示すことにより証明せよ.
$$\int_{1}^{\infty}\left|\int_{1}^{x}\frac{f(y)}{x}dy\right|^p dx \le \left(\frac{p}{p-1}\right)^p \int_{1}^{\infty}|f(x)|^p dx$$

第9章
フーリエ変換

CHAPTER **9**

この章では非周期的な関数のフーリエ解析を検討する．ここで考えるのは，非周期的な関数のフーリエ級数展開は可能かという問題である．そこでこれまで 2π 周期の関数に対して展開してきたフーリエ級数の理論をより一般の周期 $T > 0$ の関数に対して書き直すことを考える．

9.1 フーリエ変換の導入

9.1.1 非周期関数とフーリエ解析

たとえば 4π 周期の関数 $f(x)$ に対するフーリエ係数は $g(x) = f(2x)$ という 2π 周期の関数と読み変えることにより

$$
\begin{cases}
\tilde{a}_k = \dfrac{1}{\pi} \displaystyle\int_{-\pi}^{\pi} g(x) \cos kx\, dx, & k = 0, 1, 2, \cdots, \\[2mm]
\tilde{b}_k = \dfrac{1}{\pi} \displaystyle\int_{-\pi}^{\pi} g(x) \sin kx\, dx, & k = 1, 2, \cdots
\end{cases}
$$

であるから $x = \dfrac{x'}{2}$ とおきなおすことによりそれぞれ

$$
\begin{cases}
\tilde{a}_k = \dfrac{1}{2\pi} \displaystyle\int_{-2\pi}^{2\pi} f(x') \cos \dfrac{k}{2} x'\, dx', & k = 0, 1, 2, \cdots, \\[2mm]
\tilde{b}_k = \dfrac{1}{2\pi} \displaystyle\int_{-2\pi}^{2\pi} f(x') \sin \dfrac{k}{2} x'\, dx', & k = 1, 2, \cdots
\end{cases}
$$

となって「半整数」 $k = \dfrac{1}{2}, 1, \dfrac{3}{2}, \cdots$ の振動数の成分による展開が必要となる．このとき周期がどんどん大きくなっていって非周期関数に近づくとすると，さらに細かい「中途半端」な振動数の成分が必要となっていくであろう．すなわちより細かい周期の三角関数の成分が要求されるのである．このことを前章末の複素フーリエ級数展開を利用して検討してみる．

2π-周期関数 $f(x)$ に対して複素フーリエ係数を求めると

$$c_k = \frac{1}{\pi} \int_{-\pi}^{\pi} f(x)e^{-ikx}dx$$

とおくと

$$f(x) \sim \frac{1}{2} \sum_{k=-\infty}^{\infty} c_k e^{-ikx}$$

であった. より一般に $f(x)$ が T-周期関数ならば, 変数を $x \to \frac{2\pi}{T}x$ と変換することにより,

$$\tilde{c}_k = \frac{2}{T} \int_{-T/2}^{T/2} f(x)e^{-2\pi ikx/T}dx$$

に対して

$$f(x) \sim \frac{1}{2} \sum_{k=-\infty}^{\infty} \tilde{c}_k e^{-2\pi ikx/T}$$

である. 特に $C(\frac{k}{T}) \equiv T\tilde{c}_k/2$ と置きなおすと

$$C(\xi) = \int_{-T/2}^{T/2} f(x)e^{-2\pi ikx/T}dx,$$

$$f(x) = \frac{1}{T} \sum_{k=-\infty}^{\infty} C(k/T)e^{2\pi ikx/T}$$

とかける. ここで周期 T が無限大になる場合を考える. 上の 2 式において $\xi = k/T$ とおいて $T \to \infty$ につれて k も $-N \le k \le N$ として $N \to \infty$ と増やすことにより

$$C(\xi) = (\hat{f}(\xi)) = \int_{-\infty}^{\infty} f(x)e^{-2\pi i\xi x}dx,$$

$$f(x) \sim \lim_{T \to \infty} \sum_{k=-\infty}^{\infty} \frac{1}{T} C(k/T)e^{2\pi ikx/T}.$$

この段階で $C(\xi)$ はすべての $\xi \in \mathbb{R}$ に対して定義できそうであることに気づく. さらに下の式はリーマン積分の定義そのものとなっているので, 区分求積法から

$$\lim_{T \to \infty} \lim_{N \to \infty} \sum_{k=-N}^{N} \frac{1}{T} C(k/T)e^{2\pi ikx/T} = \lim_{R \to \infty} \int_{-R}^{R} e^{2\pi ix\xi} C(\xi)d\xi$$

を得る. したがって, ここにフーリエ変換

$$\hat{f}(\xi) = \int_{-\infty}^{\infty} f(x)e^{-2\pi i\xi x}dx$$

とその反転公式

$$f(x) = \int_{-\infty}^{\infty} \hat{f}(\xi)e^{2\pi i\xi x}d\xi$$

を得ることになる. このままでも差し支えないが変数を $\xi \to (\sqrt{2\pi})^{-1}\xi$,

$x \to (\sqrt{2\pi})^{-1}x$ とおきなおして

$$\begin{cases} \hat{f}(\xi) = \dfrac{1}{\sqrt{2\pi}} \displaystyle\int_{-\infty}^{\infty} f(x)e^{-ix\xi}dx, \\[3mm] f(x) = \dfrac{1}{\sqrt{2\pi}} \displaystyle\int_{-\infty}^{\infty} \hat{f}(\xi)e^{ix\xi}d\xi \end{cases}$$

としておくとあとで便利なので，こちらの表記を採用する．これが非周期関数に対するフーリエ級数展開というべきものである．

定義 実数 $\mathbb{R}$ 上で絶対値が可積分な関数全体の集合を $L^1(\mathbb{R})$ あるいは単に L^1 と表すことにする．すなわち $f \in L^1$ ならば

$$\int_{\mathbb{R}} |f(x)|dx < \infty$$

ということである．以下このような関数を**可積分関数**と呼び，f は可積分であるという．

例 9.1 $f(x) = \frac{1}{1+x^2}$ は $L^1(\mathbb{R})$ に属する関数である．また $f(x)\sin x$ もまた $L^1(\mathbb{R})$ に属する．$f(x) = \frac{\sin x}{x}$ は $L^1(\mathbb{R})$ には属さない [*1)]．

定義 $f, g \in L^1$ に対して

$$\mathcal{F}[f](\xi) = \hat{f}(\xi) \equiv \frac{1}{\sqrt{2\pi}} \int_{-\infty}^{\infty} f(x)e^{-ix\xi}dx$$

を f のフーリエ変換，

$$\mathcal{F}^{-1}[g](x) = \check{g}(x) \equiv \frac{1}{\sqrt{2\pi}} \int_{-\infty}^{\infty} g(\xi)e^{ix\xi}d\xi$$

を g の逆フーリエ変換と呼ぶ．

9.1.2 フーリエ変換の計算の実際

例 9.2 $f(x) = e^{-a|x|}$ $(a > 0)$ をフーリエ変換せよ．

f が L^1 であることは明白．

$$\begin{aligned} \hat{f}(\xi) &= \frac{1}{\sqrt{2\pi}} \int_{-\infty}^{\infty} e^{-a|x|}e^{-ix\xi}dx \\ &= \frac{1}{\sqrt{2\pi}} \int_{0}^{\infty} e^{-ax-ix\xi}dx + \frac{1}{\sqrt{2\pi}} \int_{-\infty}^{0} e^{ax-ix\xi}dx \end{aligned}$$

[*1)] 積分 $\int_{-\infty}^{\infty} \frac{\sin x}{x}dx$ そのものは条件収束して，その値は $\frac{\pi}{2}$ となることが複素関数論を用いるとわかる．このことに注意せよ．

$$= \frac{1}{\sqrt{2\pi}} \left[-\frac{1}{(a+i\xi)} e^{-(a+ix)\xi} \right]_0^\infty + \frac{1}{\sqrt{2\pi}} \left[\frac{1}{(a-i\xi)} e^{-(a+ix)\xi} \right]_{-\infty}^0$$

$$= \frac{1}{\sqrt{2\pi}(a+i\xi)} + \frac{1}{\sqrt{2\pi}(a-i\xi)} = \frac{2a}{\sqrt{2\pi}(a^2+\xi^2)}.$$

例 **9.3** $f(x) = e^{-\mu x^2}$ $(\mu > 0)$ をフーリエ変換せよ.

$$\int_{-\infty}^{\infty} e^{-\mu x^2} dx = \sqrt{\frac{\pi}{\mu}}$$

に注意する.

$$\int_{-\infty}^{\infty} e^{-ix\xi - \mu x^2} dx = \int_{-\infty}^{\infty} e^{-\mu(x^2 + \frac{i\xi}{\mu}x - \frac{\xi^2}{4\mu^2}) - \frac{\xi^2}{4\mu}} dx$$

$$= e^{-\frac{\xi^2}{4\mu}} \int_{-\infty}^{\infty} e^{-\mu(x + \frac{i\xi}{2\mu})^2} dx$$

$$= e^{-\frac{\xi^2}{4\mu}} \int_{-\infty}^{\infty} e^{-\mu x^2} dx = \sqrt{\frac{\pi}{\mu}} e^{-\frac{\xi^2}{4\mu}}.$$

ただしここで, 2 行目から 3 行目には正則関数 $f(z) = e^{-\mu z^2}$ の閉経路 Γ 上での積分にコーシーの定理を適用し

$$\int_{\Gamma} e^{-\mu z^2} dz = \int_{R}^{R + \frac{i\xi}{2\mu}} e^{-\mu z^2} dz + \int_{-R + \frac{i\xi}{2\mu}}^{-R} e^{-\mu z^2} dz$$

$$- \int_{-R + \frac{i\xi}{2\mu}}^{R + \frac{i\xi}{2\mu}} e^{-\mu z^2} dz + \int_{-R}^{R} e^{-\mu x^2} dz = 0$$

に $R \to \infty$ とした極限

$$\int_{-\infty}^{\infty} e^{-\mu(x + \frac{i\xi}{2\mu})^2} dx = \int_{-\infty}^{\infty} e^{-\mu(x + \frac{i\xi}{2\mu})^2} dx$$

を用いた. したがって

$$\mathcal{F}[e^{-\mu x^2}] = \frac{1}{\sqrt{2\mu}} e^{-\frac{\xi^2}{4\mu}}.$$

9.2 フーリエ変換の性質

　フーリエ変換 (あるいは逆フーリエ変換) ができるためには, $f(x)$ が少なくとも可積分でなければならないので, 以下ではこれを仮定する. さらに f は何回でも微分できてかつ $|x| \to \infty$ によって $|f(x)|$ はどのような多項式 $p(x)$ よりも早く 0 に収束するものであるとする. このような関数の集合を急減少関数 $\mathcal{S}$

と呼ぶ.

命題 9.1 (フーリエ変換の性質) f を L^1 に属す関数とする. このときそのフーリエ変換について以下の関係が成り立つ.

(1) $\mathcal{F}[f(x-h)](\xi) = e^{-ih\cdot\xi}\hat{f}(\xi)$.

(2) $\mathcal{F}[e^{ih\cdot x}f(x)](\xi) = \hat{f}(\xi - h)$.

(3) さらに f が k 回微分可能だとするとき,
$$\mathcal{F}\left[\frac{d^k}{dx^k}f(x)\right](\xi) = (i\xi)^k \hat{f}(\xi).$$

(4) $|x|^k f$ が L^1 のとき $\mathcal{F}[(-ix)^k f(x)](\xi) = \dfrac{d^k}{d\xi^k}\hat{f}(\xi)$.

(5) $\mathcal{F}[\bar{f}](\xi) = \overline{\mathcal{F}^{-1}[f]}(\xi), \quad \overline{\mathcal{F}[f]}(\xi) = \overline{\mathcal{F}[f]}(-\xi)$.

ただし, $\bar{f}$, $\overline{\mathcal{F}[f]}$ はそれぞれ f, $\mathcal{F}[f]$ の複素共役を表す.

(命題 **9.1** の証明) 以下で $c_n = (2\pi)^{-1}$ とする.

(1) $x - h = y$ と変数変換して
$$\mathcal{F}[f(x-h)](\xi) = c_n \int_{-\infty}^{\infty} e^{-ix\cdot\xi}f(x-h)dx$$
$$= c_n \int_{-\infty}^{\infty} e^{-i(y+h)\cdot\xi}f(y)dy = c_n e^{-ih\xi}\int_{-\infty}^{\infty} e^{-iy\cdot\xi}f(y)dy$$
$$= e^{-ih\xi}\mathcal{F}[f](\xi).$$

(2) (1) とは反対に変数変換を行えば得られる.
$$\mathcal{F}[e^{ih\cdot x}f](\xi) = c_n \int_{-\infty}^{\infty} e^{-ix\cdot\xi}\left(e^{ih\cdot x}f(x)\right)dx$$
$$= c_n \int_{-\infty}^{\infty} e^{-ix\cdot(\xi-h)}f(x)dx = \mathcal{F}[f](\xi - h).$$

(3) $k = 1$ で示す. それ以上の場合は帰納法で示すことが可能. 部分積分を行って $f(x) \to 0$ ($|x| \to 0$) に注意すると
$$\mathcal{F}\left[\frac{d}{dx}f\right](\xi) = c_n \int_{-\infty}^{\infty} e^{-ix\cdot\xi}\frac{d}{dx}f(x)dx$$
$$= \lim_{R\to\infty}\left[c_n e^{-ix\xi}f(\xi)\right]_{-R}^{R} - c_n \int_{-\infty}^{\infty}\left(\frac{d}{dx}e^{-ix\cdot\xi}\right)f(x)dx$$
$$= i\xi \int_{-\infty}^{\infty} e^{-ix\cdot\xi}f(x)dx$$
$$= i\xi\mathcal{F}[f](\xi).$$

9.3 フーリエ変換の計算例   *139*

(4) (3) と同様に k についての帰納法. $k = 1$ のときは

$$\mathcal{F}[-ixf(x)](\xi) = c_n \int_{-\infty}^{\infty} e^{-ix \cdot \xi}(-ix)f(x)dx$$

$$= c_n \int_{-\infty}^{\infty} \frac{d}{d\xi} e^{-ix \cdot \xi} f(x)dx$$

$$= c_n \frac{d}{d\xi} \int_{-\infty}^{\infty} e^{-ix \cdot \xi} f(x)dx$$

$$= \frac{d}{d\xi} \mathcal{F}[f](\xi).$$

(5) はじめの等式については

$$\mathcal{F}[\bar{f}](x) = c_n \int_{-\infty}^{\infty} e^{-ix \cdot \xi} \bar{f}(x)dx$$

$$= c_n \int_{-\infty}^{\infty} \overline{e^{ix \cdot \xi} f(x)}dx$$

$$= \overline{\mathcal{F}[f](-\xi)} = \overline{\mathcal{F}_{x \to \xi}^{-1}[f](\xi)}$$

による. 後者の等式は変数を見直しただけであるので明白である.   □

9.3 フーリエ変換の計算例

例 9.4 $\mathcal{F}[e^{-a|x-b|}]$ を求めよ. ただし $a > 0, b \in \mathbb{R}^n$ とする.

$$\mathcal{F}\left[e^{-a|x|}\right] = \sqrt{\frac{2}{\pi}} \frac{a}{\xi^2 + a^2}$$

より命題 9.1 (1) を用いて

$$\mathcal{F}\left[e^{-a|x-b|}\right] = \sqrt{\frac{2}{\pi}} \frac{a}{\xi^2 + a^2} e^{-ib\xi}.$$

例 9.5 $f(x) = \begin{cases} 1, & |x| \leq 1 \\ 0, & |x| > 1 \end{cases}$ をフーリエ変換せよ.

$$\mathcal{F}[f] = \frac{1}{\sqrt{2\pi}} \int_{-1}^{1} e^{-ix\xi} dx = \frac{1}{\sqrt{2\pi}} \left[-\frac{1}{i\xi} e^{-ix\xi} \right]_{-1}^{1}$$

$$= \frac{1}{\sqrt{2i\pi}\xi}(e^{-ix\xi} - e^{ix\xi}) = \frac{2}{\sqrt{2\pi}\xi} \sin \xi = \sqrt{\frac{2}{\pi}} \frac{\sin \xi}{\xi}.$$

140   9. フーリエ変換

例 9.6 $g(\xi) = \frac{1}{1+\xi^2}$ を逆フーリエ変換せよ.

例 9.4 より

$$\sqrt{\frac{\pi}{2}}\mathcal{F}[e^{-|x|}] = \frac{1}{\xi^2 + 1}.$$

したがって

$$\mathcal{F}^{-1}\left[\frac{1}{\xi^2+1}\right] = \mathcal{F}^{-1}\left[\widehat{\sqrt{\frac{\pi}{2}}e^{-|x|}}\right] = \sqrt{\frac{\pi}{2}}e^{-|x|}.$$

例 9.7 $S_1(x) = \begin{cases} 1, & |x| \le 1 \\ 0, & |x| > 1 \end{cases}$ かつ $S_a(x) = S_1(x/a)$ とおく. ただし $a > 0$

である. このとき $S_a(x) = \begin{cases} 1, & |x| \le a \\ 0, & |x| > a \end{cases}$ である. $S_\lambda(x)$ をフーリエ変換せよ.

一般に $f_\lambda(x) = f(x/\lambda)$ のフーリエ変換 $\mathcal{F}[f_\lambda]$ は $\lambda \hat{f}(\lambda\xi)$.
　　よって

$$\mathcal{F}[S_\lambda] = \lambda \widehat{S_1}(\lambda\xi) = \lambda\sqrt{\frac{2}{\pi}}\frac{\sin\lambda\xi}{\lambda\xi} = \sqrt{\frac{2}{\pi}}\frac{\sin\lambda\xi}{\xi}.$$

例 9.8 $\mathcal{F}[xe^{-x^2}]$ を求めよ.

$\frac{d}{dx}e^{-x^2} = -2xe^{-x^2}$ ゆえ

$$\mathcal{F}[xe^{-x^2}] = -\mathcal{F}\left[\frac{1}{2}\frac{d}{dx}e^{-x^2}\right] = -\frac{1}{2}\mathcal{F}\left[\frac{d}{dx}e^{-x^2}\right]$$

$$= -\frac{1}{2}i\xi\mathcal{F}[e^{-x^2}] = -\frac{i\xi}{2}\frac{1}{\sqrt{2}}e^{-\xi^2/4}$$

$$= -\frac{i\xi}{2\sqrt{2}}e^{-\xi^2/4}.$$

9.4　合成積とフーリエ変換

9.4.1　合成積 (畳み込み積)

2 つの関数 f と g の積をフーリエ変換するとどうなるか？　このことを考えるのは, 非線形の問題に対してフーリエ変換を適用する場合に重要になる.

9.4 合成積とフーリエ変換

定義 f, g がともに可積分関数 (L^1) で有界 [*2] であるとする.
$$f * g(x) = \int_{-\infty}^{\infty} f(x-y)g(y)dy$$
は積分可能で, f と g の合成積 (畳み込み積, convolution) という (図 9.1). 合成積は可換である. すなわち
$$f * g(x) = \int_{-\infty}^{\infty} f(x-y)g(y)dy$$
$$= \int_{-\infty}^{\infty} f(y')g(x-y')dy'$$
$$= g * f(x).$$

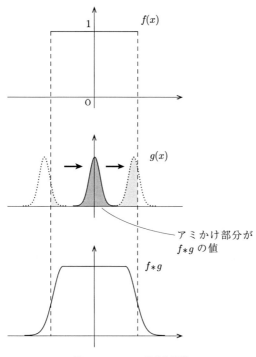

図 9.1 $f * g$ の直感的解釈

[*2] 関数 f が有界とは, ある定数 M に対して $|f(x)| \leq M$ がすべての $x \in \mathbb{R}$ について成り立つこと.

例 9.9　$f(x) = e^{-\mu x^2}$ と $g(x) = e^{-\lambda x^2}$ の合成積を求めよ.

$$f * g = \int_{-\infty}^{\infty} e^{-\mu(x-y)^2} e^{-\lambda y^2} dy = \int_{-\infty}^{\infty} e^{-\mu(x^2 - 2xy + y^2) - \lambda y^2} dy$$

$$= e^{-\mu x^2} \int_{-\infty}^{\infty} e^{-(\mu+\lambda)y^2 + 2\mu xy} dy$$

$$= e^{-\mu x^2} \int_{-\infty}^{\infty} e^{-(\mu+\lambda)\left\{ y^2 - \frac{2\mu}{\mu+\lambda} xy + \frac{\mu^2}{(\mu+\lambda)^2} x^2 \right\} + \frac{\mu^2}{\mu+\lambda} x^2} dy$$

$$= e^{-\mu x^2} e^{\frac{\mu^2}{\mu+\lambda} x^2} \int_{-\infty}^{\infty} e^{-(\mu+\lambda)\left(y - \frac{\mu}{\mu+\lambda} x \right)^2} dy$$

$$= e^{-\frac{\lambda\mu}{\mu+\lambda}} \int_{-\infty}^{\infty} e^{-(\mu+\lambda)y^2} dy = \sqrt{\frac{\pi}{\mu+\lambda}} e^{-\frac{\lambda\mu}{\mu+\lambda} x^2}.$$

9.4.2　相　関　関　数

$f_-(x) = f(-x)$ とおく. $[f : g](x) = (f_- * g)_-$ を f と g の相関関数という.

$$[f : g] = \int f_-(x' - y)g(y)dy \Big|_{x'=-x} = \int f(y + x)g(x)dy.$$

特に, $[f : f]$ を自己相関係数という. 実験などでデータの相関をみるときに重要である.

9.4.3　合成積とフーリエ変換の関係

合成積とフーリエ変換のあいだにはラプラス変換と同様な関係が成り立つ.

命題 9.2　$f, g \in L^1$ で有界とする. このとき以下が成り立つ.
(1) $\mathcal{F}[f * g](\xi) = \sqrt{2\pi} \hat{f}(\xi)\hat{g}(\xi)$.
(2) $\mathcal{F}^{-1}[f * g](x) = \sqrt{2\pi} \check{f}(x)\check{g}(x)$.

(命題 9.2 の証明)

$$\mathcal{F}[f * g](\xi) = \frac{1}{\sqrt{2\pi}} \int_{-\infty}^{\infty} e^{-ix\cdot\xi} \left\{ \int_{-\infty}^{\infty} f(x - y)g(y)dy \right\} dx$$

$$= \frac{1}{\sqrt{2\pi}} \int_{-\infty}^{\infty} \int_{-\infty}^{\infty} e^{-ix\cdot\xi} f(x - y)g(y)dydx$$

$$= \frac{1}{\sqrt{2\pi}} \int_{-\infty}^{\infty} \left\{ \int_{-\infty}^{\infty} e^{-i(x-y)\cdot\xi} f(x - y)dx \right\} e^{-iy\cdot\xi} g(y)dy$$

$$= \int_{-\infty}^{\infty} \hat{f}(\xi) e^{-iy\cdot\xi} g(y) dy$$

$$= \sqrt{2\pi} \hat{f}(\xi) \frac{1}{\sqrt{2\pi}} \int_{-\infty}^{\infty} e^{-iy\cdot\xi} g(y) dy = \sqrt{2\pi} \hat{f}(\xi) \hat{g}(\xi).$$

よって命題が成り立つ. □

問題 9.1 命題 9.2 の (2) を示せ.

命題 9.2 の示していることは「関数同士の合成積のフーリエ変換は普通のかけ算となる」ということである. 反対に積 $f(x) \cdot g(x)$ のフーリエ変換は関数をそれぞれフーリエ変換した後に合成積をとることと等しくなる, すなわち

$$\mathcal{F}[f \cdot g](\xi) = \sqrt{2\pi} \hat{f} * \hat{g}$$

となることが示される.

9.5 フーリエの反転公式とパーセバルの等式

フーリエ級数は, その係数を三角関数で足し合わせると元の関数に戻る, あるいは三角関数で元の関数を表すということが重要であった. フーリエ変換においてもそのことは引き継がれていて, フーリエ変換とその逆変換について互いに逆演算のような関係になっていることがわかる. すなわち「関数をフーリエ変換して逆変換すると元に戻る」のである. 式で表せば:

$$f = \mathcal{F}^{-1}\mathcal{F}[f] = \mathcal{F}^{-1}[\hat{f}].$$

これをフーリエの反転公式と呼ぶ.

定理 9.3

(1) (フーリエの反転公式) $f \in L^1$ に対して [*3)] $\hat{f} \in L^1$ のとき [*4)]

$$f(x) = \mathcal{F}^{-1}[\hat{f}](x) \quad \text{または} \quad f(\xi) = \mathcal{F}[\check{f}](\xi)$$

(2) f, g が絶対かつ 2 乗可積分関数のとき,

[*3)] $\mathcal{F}^{-1}[\hat{f}](x) = \frac{1}{\sqrt{2\pi}} \int_{-\infty}^{\infty} \hat{f}(\xi) e^{ix\xi} d\xi$ (p. 136 の定義参照).

[*4)] $f \in L^1$ ならば $\hat{f}$ は連続になる (参考文献：谷島賢二『新版 ルベーグ積分と関数解析』朝倉書店, 2015, p. 206).

$$\int_{-\infty}^{\infty} f(x)\bar{g}(x)dx = \int_{-\infty}^{\infty} \hat{f}(\xi)\bar{\hat{g}}(\xi)d\xi. \qquad (プランシェレルの等式)$$

特に $f = g$ ならば
$$\int_{-\infty}^{\infty} |f(x)|^2 dx = \int_{-\infty}^{\infty} |\hat{f}(\xi)|^2 d\xi. \qquad (パーセバルの等式)$$

証明には次の事実を用いる．

補題 9.4 正の実数 $\mu > 0$ に対して
$$G_\mu(x) = \frac{1}{\sqrt{4\pi\mu}} e^{-\frac{x^2}{4\mu}}$$
とおく (これをガウス核という). このとき
(1) $\displaystyle\int_{-\infty}^{\infty} G_\mu(x)dx = 1$
(2) $\widehat{G_\mu}(x)(\xi) = \dfrac{1}{\sqrt{2\pi}} e^{-\mu\xi^2}$
(3) $\mathcal{F}^{-1}[\widehat{G_\mu}] = G_\mu$

この補題で明らかになるのは，$G_\mu(x)$ という特殊な関数は，フーリエ変換によってその基本的な関数の形を変えない．特に $\mu = \frac{1}{2}$ とした
$$G_{1/2}(x) = \frac{1}{\sqrt{2\pi}} e^{-\frac{x^2}{2}}$$
はフーリエ変換しても不変な関数である (図 9.2).

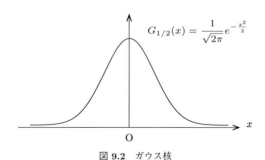

図 9.2 ガウス核

9.5 フーリエの反転公式とパーセバルの等式 145

(補題 **9.4** の証明)

(1) 積分の際に変数変換を行う.

$$\int_{-\infty}^{\infty} e^{-y^2} dy = \sqrt{\pi}$$

に注意して $x/\sqrt{4\mu} = y$ とおくと

$$\begin{aligned}
\int_{-\infty}^{\infty} G_\mu(x) dx &= \frac{1}{\sqrt{4\pi\mu}} \int_{-\infty}^{\infty} e^{-\frac{x^2}{4\mu}} dx \\
&= \frac{1}{\sqrt{4\pi\mu}} \int_{-\infty}^{\infty} \sqrt{4\mu} e^{-y^2} dy \\
&= \frac{1}{\sqrt{\pi}} \int_{-\infty}^{\infty} e^{-y^2} dy = 1.
\end{aligned}$$

(2)

$$\mathcal{F}[e^{-\lambda x^2}](\xi) = \frac{1}{\sqrt{2\lambda}} e^{-\frac{\xi^2}{4\lambda}}$$

だった. ここで $\lambda \to 1/4\mu$ とおきなおすと

$$\mathcal{F}[e^{-\frac{\xi^2}{4\mu}}] = \sqrt{2\mu} e^{-\mu\xi^2}.$$

よって

$$\mathcal{F}[G_\mu(x)] = \frac{1}{\sqrt{4\pi\mu}} \mathcal{F}[e^{-\frac{\xi^2}{4\mu}}] = \frac{1}{\sqrt{2\pi}} e^{-\mu\xi^2}.$$

(3) 直接計算することにより確かめられる.

$$\begin{aligned}
\mathcal{F}^{-1}\left[\frac{1}{\sqrt{2\pi}} e^{-\mu\xi^2}\right] &= \frac{1}{\sqrt{2\pi}} \mathcal{F}^{-1}_{\xi \to x}[e^{-\mu\xi^2}](x) \\
&= \frac{1}{\sqrt{2\pi}} \mathcal{F}_{x \to \xi}[e^{-\mu\xi^2}](-x) \\
&= \frac{1}{\sqrt{2\pi}} \cdot \frac{1}{\sqrt{2\mu}} e^{-\frac{x^2}{4\mu}} = G_\mu(x).
\end{aligned}$$

□

(定理 **9.3** の証明)

(1) 補題 9.4 と命題 9.2 より

$$\mathcal{F}[G_\mu * f] = \sqrt{2\pi}\widehat{G_\mu} \cdot \widehat{f}. \tag{9.1}$$

よって両辺の逆フーリエ変換を求めると

$$\mathcal{F}^{-1}\left[\mathcal{F}[G_\mu * f]\right] = \mathcal{F}^{-1}\left[\sqrt{2\pi}\,\widehat{G_\mu}\cdot\widehat{f}\right]$$

$$= \frac{1}{\sqrt{2\pi}}\int_{-\infty}^{\infty} e^{ix\xi}\sqrt{2\pi}\,\widehat{G_\mu}(\xi)\cdot\widehat{f}(\xi)d\xi$$

$$= \int_{-\infty}^{\infty} e^{ix\xi}\widehat{G_\mu}(\xi)\left(\frac{1}{\sqrt{2\pi}}\int_{-\infty}^{\infty} e^{-iy\xi}f(y)dy\right)d\xi$$

(ここでフビニの定理を用いて積分の順序を交換すると)

$$= \int_{-\infty}^{\infty}\frac{1}{\sqrt{2\pi}}\left(\int_{-\infty}^{\infty} e^{-i(x-y)\xi}\widehat{G_\mu}(\xi)d\xi\right)f(y)dy$$

($\widehat{G_\mu}$ の逆フーリエ変換は元の G_μ に戻るから)

$$= \int_{-\infty}^{\infty} G_\mu(x-y)f(y)dy = G_\mu * f.$$

$$(9.2)$$

さて $\widehat{G_\mu}(\xi) = \frac{1}{\sqrt{2\pi}}e^{-\mu\xi^2}$ だったので $\mu\to 0$ により $\widehat{G_\mu}(\xi)\to\sqrt{2\pi}^{-1}$ が任意のコンパクト集合上で一様にいえる. このことからはじめの等式 (9.1) の右辺において $\mu\to 0$ として

$$\mathcal{F}[G_\mu * f] = \sqrt{2\pi}\,\widehat{G_\mu}\cdot\widehat{f}\to\widehat{f} \tag{9.3}$$

を得る. 他方, 補題 9.4 の (1) より $\int_{-\infty}^{\infty} G_\mu(y)dy = 1$ だったから任意の $x\in\mathbb{R}$ に対して,

$$|G_\mu * f(x) - f(x)| = \left|\int_{-\infty}^{\infty} G_\mu(y)(f(x-y)-f(x))dy\right|$$

$$\leq \int_{-\infty}^{\infty} G_\mu(y)|f(x-y)-f(x)|dy$$

である.

f は $\mathbb{R}$ 上一様連続であったから任意の $\varepsilon > 0$ に対してある $\delta > 0$ が存在して, どのような x, y であっても $|y| < \delta$ であれば

$$|f(x-y)-f(x)| < \varepsilon$$

とできる. 同時に $f(x)$ は一様連続であったから, x によらずに一様有界である. したがってある定数 $M > 0$ があって, $|f(x)| \leq M$ がすべての $x\in\mathbb{R}$ に対して成立する. さてこのとき $|y|\geq\delta$ ならば $0\leq G_\mu(y)\leq\frac{\sqrt{2}}{\sqrt{8\pi\mu}}e^{-\frac{\delta^2}{8\mu}}e^{-\frac{|x-y|^2}{8\mu}}$ に注意して

$$|G_\mu * f(x) - f(x)| \leq \int_{-\infty}^{\infty} G_\mu(y)|f(x-y)-f(x)|dy$$

$$
\leq \int_{|y|<\delta} G_\mu(y)|f(x-y)-f(x)|dy
$$
$$
+\int_{|y|\geq\delta} G_\mu(y)\big(|f(x-y)|+|f(x)|\big)dy
$$
$$
\leq \varepsilon \int_{|y|<\delta} G_\mu(y)dy
$$
$$
+\int_{|y|\geq\delta} \frac{1}{\sqrt{4\pi\mu}}e^{-\frac{\delta^2}{8\mu}}e^{-\frac{|x-y|^2}{8\mu}}\big(|f(x-y)|+|f(x)|\big)dy
$$
$$
\leq \varepsilon \int_{-\infty}^{\infty} G_\mu(y)dy
$$
$$
+\sqrt{2}e^{-\frac{\delta^2}{8\mu}}\int_{-\infty}^{\infty} 2MG_{2\mu}(x-y)dy
$$
$$
=\varepsilon+2\sqrt{2}Me^{-\frac{\delta^2}{8\mu}}\int_{-\infty}^{\infty} G_{2\mu}(y)dy.
$$

ここで $\varepsilon>0$ を任意にとって $\delta>0$ を選んだのであった.
$$
\int_{-\infty}^{\infty} G_{2\mu}(y)dy=1
$$
であったから，このとき ε,δ を固定して $\mu\to0$ とすると
$$
2\sqrt{2}Me^{-\frac{\delta^2}{8\mu}}\int_{-\infty}^{\infty} G_{2\mu}(y)dy=2\sqrt{2}Me^{-\frac{\delta^2}{8\mu}}<\varepsilon
$$
とできる．すなわち
$$
|G_\mu*f(x)-f(x)|<2\varepsilon
$$
を得る．この不等式は x によらずに $\delta>0$ を選べるので，$G_\mu*f$ は f に一様収束していることを示している．よって式 (9.2) から両辺において $\mu\to0$ とすると式 (9.3) に注意すれば
$$
\mathcal{F}^{-1}\left[\sqrt{2\pi}\hat{G}_\mu*\hat{f}\right]=G_\mu*f
$$
$$
\downarrow \qquad\qquad \downarrow
$$
$$
\mathcal{F}^{-1}[\hat{f}] \quad = \quad f
$$
を得る．これが得たい等式であった．もう一つの等式は命題 9.1 (5) に注意すれば同様にして得られる.

(2) フーリエの反転公式 (1) を f に対して用いて積分順序を入れ替えると
$$
\int_{-\infty}^{\infty} f(x)\bar{g}(x)dx=\int_{-\infty}^{\infty} \mathcal{F}^{-1}[\hat{f}](x)\bar{g}(x)dx
$$

$$= \int_{-\infty}^{\infty} \left(\frac{1}{\sqrt{2\pi}} \int_{-\infty}^{\infty} e^{ix\xi} \hat{f}(\vec{x}) d\xi \right) \bar{g}(x) dx$$

$$= \int_{-\infty}^{\infty} \hat{f}(\xi) \left(\frac{1}{\sqrt{2\pi}} \int_{-\infty}^{\infty} e^{ix\xi} \bar{g}(x) dx \right) d\xi$$

$$= \int_{-\infty}^{\infty} \hat{f}(\xi) \left(\frac{1}{\sqrt{2\pi}} \overline{\int_{-\infty}^{\infty} e^{-ix\xi} g(x) dx} \right) d\xi$$

$$= \int_{-\infty}^{\infty} \hat{f}(\xi) \overline{\hat{g}(\xi)} d\xi.$$

特に $f = g$ と選べば，パーセバルの等式を得る． $\square$

例 9.10 フーリエ変換を用いて

$$\int_{-\infty}^{\infty} \frac{dx}{(1 + x^2)^2}$$

を求めよ．

例 9.4 で $a = 1$, $b = 0$ と選べば，

$$\widehat{e^{-|x|}} = \sqrt{\frac{2}{\pi}} \frac{1}{1 + \xi^2}$$

を得る．ここでパーセバルの等式から

$$\int_{-\infty}^{\infty} \frac{dx}{(1 + x^2)^2} = \frac{\pi}{2} \left\| \frac{1}{1 + x^2} \right\|_2^2$$

$$= \frac{\pi}{2} \|e^{-|\xi|}\|_2^2 = \frac{\pi}{2} \int_{-\infty}^{\infty} e^{-2|\xi|} d\xi$$

$$= \pi \int_0^{\infty} e^{-2\xi} d\xi = \pi \left[-\frac{1}{2} e^{-2\xi} \right]_0^{\infty} = \frac{\pi}{2}.$$

フーリエの反転公式の直接的な応用として命題 9.2 の反転版が得られる．

命題 9.5 $f, g \in L^1 \cap L^2$ とする．このとき以下が成り立つ．

(1) $\mathcal{F}[f \cdot g](\xi) = \frac{1}{\sqrt{2\pi}} \hat{f} * \hat{g}(\xi)$.

(2) $\mathcal{F}^{-1}[f \cdot g](x) = \frac{1}{\sqrt{2\pi}} \check{f} * \check{g}(x)$.

問題 9.2 命題 9.5 を定理 9.3 を用いて示せ．

9.6 インパルス関数とデルタ関数

様々な機械系,あるいは電気系 (電気回路) の特性を計測するのによく用いられる関数として,次のようなパルス状の信号を考えることがある. $a > 0$ に対して

$$d_a(x) = \begin{cases} \frac{1}{2a}, & |x| \leq a, \\ 0, & |x| > a \end{cases}$$

をインパルス関数と呼ぶ. $a \to 0$ によって原点に鋭く立ち上がる方形の関数を表す (図 9.3).

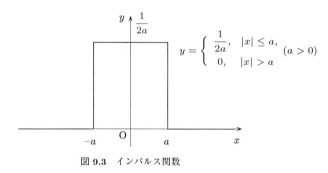

図 9.3 インパルス関数

しかし a の値によらず

$$\int_{-\infty}^{\infty} d_a(x)dx = 1$$

となり積分は一定である.この関数のフーリエ変換を行うと

$$\widehat{d_a}(\xi) = \frac{1}{\sqrt{2\pi}2a} \int_{-a}^{a} e^{-x\xi} dx = \frac{1}{\sqrt{2\pi}2a} \left[\frac{e^{-ix\xi}}{-i\xi} \right]_{-a}^{a}$$

$$= \frac{-1}{\sqrt{2\pi}2a} \frac{e^{ia\xi} - e^{-ia\xi}}{i\xi} = \frac{1}{\sqrt{2\pi}a\xi} \frac{e^{ia\xi} - e^{-ia\xi}}{2i}$$

$$= \frac{1}{\sqrt{2\pi}} \frac{\sin a\xi}{a\xi}.$$

したがって特に $a \to 0$ によって形式的に

$$\widehat{d_a}(\xi) = \frac{1}{\sqrt{2\pi}} \frac{\sin a\xi}{a\xi} \to \frac{1}{\sqrt{2\pi}}$$

となる (図 9.4).

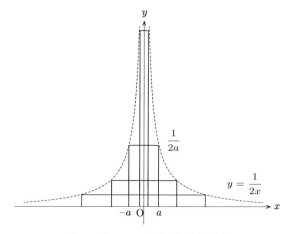

図 9.4 インパルス関数の特異性の発展

これは $a \to 0$ によって $d_a(x)$ という関数がすべての周波数を均等に含んだ波形に近づくことを示している．したがってフーリエの反転公式

$$d_a(x) = \frac{1}{\sqrt{2\pi}} \int_{-\infty}^{\infty} e^{ix\xi} \widehat{d_a}(\xi) d\xi$$

において形式的に $a \to 0$ とすると

$$\lim_{a \to 0} d_a(x) = \frac{1}{2\pi} \int_{-\infty}^{\infty} e^{ix\xi} d\xi$$

となる．右辺を $\delta(x)$ とおいてデルタ関数と呼ぶ．

$$\delta(x) = \frac{1}{2\pi} \int_{-\infty}^{\infty} e^{ix\xi} d\xi.$$

右辺の積分は収束しない．したがって通常の意味のフーリエ変換としては捉えられない．しかしながら $\lim_{a \to 0} d_a(x)$ という近似によって $\delta(x)$ を導入すると興味深い特性をもつことがわかる．たとえば

$$\int_{-\infty}^{\infty} \delta(x) dx = 1 \tag{9.4}$$

である．さらに

$$\int_{-\infty}^{\infty} \delta(x) f(x) dx = f(0) \tag{9.5}$$

を与える．以下でデルタ関数を定義する．

9.6 インパルス関数とデルタ関数　　　　　　151

定義　f を微分可能で，遠方でいかなる多項式よりも早く 0 に収束する関数とする (このような関数を急減少関数と呼ぶ).
$$\int_{-\infty}^{\infty} \delta(x-a)f(x)dx = f(a)$$
によって $\delta(x-a)$ を定義する．これを**デルタ関数** (測度) と呼ぶ.

　デルタ関数 $\delta(x)$ は関数のように表記されるが，実際には関数ではない．$\delta(x)$ を関数のごとくにとらえようとすると，関係式 (9.5) において，$f(x)$ として $x=0$ で 0 でそれ以外の x で値をとる連続関数を選んでみると，積分値がいつも 0 なので，$\delta(x)$ そのものは，$x \neq 0$ においては 0 のように思えるが，このような関数を通常の関数の意味で積分すると必ず 0 となってしまい，(9.4) のような公式が成立することとは，つじつまが合わなくなる．これらのことを合理的に解釈するには，$\delta(x)$ が関数であるということを放棄しなければならない．具体的には関数より少し広い概念を導入して，その広い概念である「関数もどき」の一種であると見なすのが矛盾の生じない方法である．この「関数もどき」は**超関数** (あるいは分布の意味での超関数) と呼ばれる．特にデルタ関数は超関数の中でも測度という概念に含まれる．$\mathbb{R}$ 上で可積分となる正の値をとる関数を拡張した概念が測度であって，このような正値可積分関数を測度と見なすこともできる．はじめに定義したインパルス関数も測度と見なすことができるが，インパルス関数を積分した後に極限をとったものがいわばデルタ関数であった．これは可積分関数の弱極限が測度に属するということに対応している.

　デルタ関数の定義式
$$\int_{-\infty}^{\infty} \delta(x-a)f(x)dx = f(a)$$
と
$$\delta(x-a) = \frac{1}{2\pi} \int_{-\infty}^{\infty} e^{i(x-a)\xi} d\xi$$
によって形式的に
$$\int_{-\infty}^{\infty} \left(\frac{1}{2\pi} \int_{-\infty}^{\infty} e^{i(x-a)\xi} d\xi \right) f(x)dx = f(a).$$
積分順序を入れ替えると
$$\frac{1}{\sqrt{2\pi}} \int_{-\infty}^{\infty} e^{ia\xi} \left(\frac{1}{\sqrt{2\pi}} \int_{-\infty}^{\infty} e^{-ix\xi} f(x)dx \right) d\xi = f(a)$$
となりフーリエの反転公式を与えている.

9.7 多変数のフーリエ変換

これまではすべて変数を一次元のユークリッド空間 $\mathbb{R}$ に制限して解説してきたが，これらの方法は自然に多次元の場合に拡張可能である．ことの本質は2次元で扱っても同様なので，まずは2次元変数に限って多次元のフーリエ変換を解説する．

定義 実数 $\mathbb{R}^2$ 上で絶対値が可積分な関数全体の集合を $L^1(\mathbb{R}^2)$ あるいは単に L^1 と表すことにする．すなわち $f \in L^1(\mathbb{R}^2)$ ならば

$$\int_{\mathbb{R}^2} |f(x)| dx = \int_{-\infty}^{\infty} \int_{-\infty}^{\infty} |f(x_1, x_2)| dx_1 dx_2 < \infty$$

ということである．ここで $x = (x_1, x_2)$ を表す．上記左辺の式は右辺の重積分を簡易的に表したものである．このように表記すると1次元の場合と見かけ上あまり変わらなくなり，同様に扱える．

定義 $f, g \in L^1(\mathbb{R}^2)$ に対して

$$\mathcal{F}[f](\xi) = \hat{f}(\xi) \equiv \left(\frac{1}{\sqrt{2\pi}}\right)^2 \int_{-\infty}^{\infty} \int_{-\infty}^{\infty} f(x_1, x_2) e^{-i(x_1\xi_1 + x_2\xi_2)} dx_1 dx_2$$

を f のフーリエ変換，

$$\mathcal{F}^{-1}[g](x) = \check{g}(x) \equiv \left(\frac{1}{\sqrt{2\pi}}\right)^2 \int_{-\infty}^{\infty} \int_{-\infty}^{\infty} g(\xi_1, \xi_2) e^{i(x_1\xi_1 + x_2\xi_2)} d\xi_1 d\xi_2$$

を g の逆フーリエ変換と呼ぶ．

さてこれらの表記は変数の数が増えて3次元，4次元となると非常に煩雑になる．しかし計算の本質も，実際の構造も一見ほぼ変わらないことが多いので次のような簡略な表現を用いることが主流である．

$$\mathcal{F}[f](\xi) = \hat{f}(\xi) \equiv \left(\frac{1}{\sqrt{2\pi}}\right)^2 \int_{\mathbb{R}^2} f(x) e^{-i(x \cdot \xi)} dx$$

あるいは

$$\mathcal{F}^{-1}[g](x) = \check{g}(x) \equiv \left(\frac{1}{\sqrt{2\pi}}\right)^2 \int_{\mathbb{R}^2} g(\xi) e^{i(x \cdot \xi)} d\xi$$

である．ここで $(x \cdot \xi) = x_1\xi_1 + x\xi_2$ でユークリッド空間の内積である．このようにしておくと，見かけ上は1次元の場合とあまり変わらなくなる．ここで定義した他変数のフーリエ変換に対してこれまで述べた，数々の性質はほとんどそ

9.7 多変数のフーリエ変換　　153

のまま成立する．注意が必要なのは，定数 $\sqrt{2\pi}$ が現れるところはすべて $\sqrt{2\pi}^n$ を書き直す必要があるくらいである．このように変数の数に関わらず様々な公式が成立するのは，一つにはすべての積分を多重積分に分解して，各々の変数 x_1, x_2 について積分を実行して最後にそれを元に戻すという操作がたいていの場合に成功するからである．一つにはフーリエ変換の積分因子 $e^{-i(x\cdot\xi)}$ が

$$e^{-i(x\cdot\xi)} = e^{-ix_1\xi_1}e^{-ix_2\xi_2}e^{-ix_3\xi_3}\cdots$$

などのように積の形でかけていることが大きな要因である．

また重要な補題 9.4 も多重積分で計算でき次のような簡潔な結論を得る．

補題 9.6　$\mu > 0$ と $x \in \mathbb{R}^n$ に対して

$$G_\mu(x) = \left(\frac{1}{\sqrt{4\pi\mu}}\right)^n e^{-\frac{|x|^2}{4\mu}}$$

とおく（ガウス核という）．このとき

(1) $\displaystyle\int_{\mathbb{R}^n} G_\mu(x)dx = 1$.

(2) $\widehat{G_\mu}(x)(\xi) = \left(\dfrac{1}{\sqrt{2\pi}}\right)^n e^{-\mu|\xi|^2}$.

(3) $\mathcal{F}^{-1}[\widehat{G_\mu}] = G_\mu$.

(補題 **9.6** の証明)

(1) は積分を多重積分に書き直し，1 次元の計算を n 回繰り返すことで得られる．

(2) 1 次元の積分

$$\mathcal{F}[e^{-\lambda x^2}](\xi) = \frac{1}{\sqrt{2\lambda}}e^{-\frac{\xi^2}{4\lambda}}$$

を n 回繰り返す．実際

$$\mathcal{F}[e^{-\lambda|x|^2}](\xi) = \left(\frac{1}{\sqrt{2\pi}}\right)^n \int_{\mathbb{R}^n} e^{-ix\cdot\xi}e^{-\frac{|x|^2}{4t}}\,dx$$

$$= \left(\frac{1}{\sqrt{2\pi}}\right)^n \int_{-\infty}^{\infty}\cdots\int_{-\infty}^{\infty} e^{-ix_1\xi_1}e^{-\frac{x_1^2}{4t}}\cdots e^{-ix_n\xi_n}e^{-\frac{x_n^2}{4t}}\,dx_1\cdots dx_n$$

$$= \left(\frac{1}{\sqrt{2\pi}}\right)^n \int_{-\infty}^{\infty} e^{-ix_1\xi_1}e^{-\frac{x_1^2}{4t}}\,dx_1 \int_{-\infty}^{\infty} e^{-ix_2\xi_2}e^{-\frac{x_2^2}{4t}}\,dx_2 \times$$

$$\cdots \times \int_{-\infty}^{\infty} e^{-ix_n\xi_n}e^{-\frac{x_n^2}{4t}}\,dx_n$$

もし $n = 2$ ならば上記の最後の積分のうち $\cdots \int_{-\infty}^{\infty} \cdots$ 以降は不要でありよりわかりやすいであろう．これらの積分は一つ一つは上記の積分に他ならないからこれを掛け合わせたものが答となる．したがって

$$\mathcal{F}[e^{-\lambda|x|^2}](\xi) = \prod_{k=1}^{n} \frac{1}{\sqrt{2\lambda}} e^{-\frac{\xi_k^2}{4\lambda}} = \left(\frac{1}{\sqrt{2\lambda}}\right)^n e^{-\frac{|\xi|^2}{4\lambda}}$$

ここで $\lambda = (4\mu)^{-1}$ と変換し両辺に $\sqrt{4\mu\pi}^{-n}$ をかけることにより，求める式を得る． □

問題 9.3 補題 9.6 の (3) を示せ．

演 習 問 題

9.1 以下の各関数のフーリエ変換を求めよ．

(1) $f(x) = e^{-|x|}$.

(2) $f(x) = \dfrac{1}{1 + x^2}$.

(3) $f(x) = \begin{cases} 1, & |x| \leq 1, \\ 0, & |x| \geq 1. \end{cases}$

(4) $f(x) = \dfrac{\sin x \cos x}{x}$.

9.2 $g(\xi) = \xi e^{-\xi^2}$ を逆フーリエ変換せよ．

9.3 $f(x) = \begin{cases} x + 1, & -1 \leq x \leq 0, \\ 1 - x, & 0 < x \leq 1, \quad \text{とおく．} \\ 0, & \text{そのほか} \end{cases}$

(1) f のフーリエ変換を求めよ．

(2) $g(x) = \begin{cases} 1, & |x| \leq 1/2, \\ 0, & \text{そのほか} \end{cases}$ と f との合成積を求めよ．

(3) $f * g$ のフーリエ変換を求めよ．

9.4 命題 9.2 を $f, g \in L^1(\mathbb{R}^n)$, ただし $n \geq 2$ の場合に証明せよ．

9.5 フーリエ変換に関するリーマン–ルベーグ (Riemann-Lebsgue) の定理，すなわち，$f \in L^1(\mathbb{R}) \cap L^2(\mathbb{R})$ の時，$\mathcal{F}[f](\xi) \to 0 \ (|\xi| \to 0)$ を証明せよ．

第 10 章

偏微分方程式の初期値 境界値問題とフーリエ解析

CHAPTER 10

　針金の一部を熱した後，その後の針金の各部分の温度分布の時間変化を考える．両端で一定の温度，たとえば常温の空気の温度や，氷の温度に保っておけば，針金は冷えて温度は下がっていくであろう．あるいは一方の端で針金を熱して，他方で氷で冷やし続けると針金の温度分布はどのようになるであろうか？こうした問題は古来，様々な応用上の必要性から考えられてきたはずであったが，この問題に懸賞金がかけられるにおよんで，フーリエにより，フーリエ解析を用いてその解が求められた．この問題は熱伝導方程式という方程式の解によって与えられるが，この方程式は，針金の温度分布のみならず，多様な現象の説明を可能とするところに価値がある．たとえば，乱雑な運動をする粒子が拡散していく様子や，水の流れなどの流体の運動などにも関連する．歴史的には，温度分布の研究に前後して，波の伝わり方に関連する理論において，自然に三角関数を用いた解析が重要であることが，認識されていた．この章ではこうした温度の分布の問題や波の伝わり方の問題を偏微分方程式をたてて考え，その解をフーリエ解析を用いて求める．

10.1　熱伝導方程式

　ここで扱う問題は以下のような実際には様々な様相 (図 10.1) をもつ問題である．それらを同一の方程式の問題として統一的に扱える．

- ○針金のような細く，均一の物質に熱が分布しているときの温度の変化の様子．
- ○容器の中の物質が均一に拡散していく様子．
- ○でたらめに運動する粒子や生物の平均的な存在位置の分布．

　これらは時間と空間を変数に持つ未知関数の満たす偏微分方程式で表される．以下では，まず針金の問題に限って問題を定式化する．

10. 偏微分方程式の初期値境界値問題とフーリエ解析

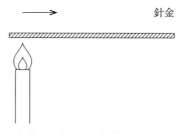

矢印の方向に熱が伝導する

図 10.1 熱の伝導

問題の設定：

- 針金 (図 10.2) が区間 $[-\pi, \pi]$ 上にある.
- 時刻 t で針金の各点 x における温度は $u(t, x)$.
- 針金の微小区間 $[x, x+\Delta x]$ 内に Δt 中に右側から入り込む熱量は $\frac{\partial u}{\partial x}(t, x+\Delta x) < 0$. このことから熱量は右に流れる.

図 10.2 針金の拡大図

- Δt 中の $[x, x+\Delta x]$ 内の熱量流入・流出は
$$\left[\frac{\partial u}{\partial x}(t, x+\Delta x) - \frac{\partial u}{\partial x}u(t, x)\right]\Delta t.$$
- 一方この間の温度の変化
$$\frac{\partial u}{\partial t}\Delta t\Delta x$$
は入り込む熱量に比例する.
- すなわち比例定数を ν とおくと
$$\frac{\partial u}{\partial t}\Delta t\Delta x \simeq \nu\left[\frac{\partial u}{\partial x}(t, x+\Delta x) - \frac{\partial u}{\partial x}u(t, x)\right]\Delta t.$$

ここで形式的に $\Delta t\Delta x \to 0$ とすると，次の方程式を得る.

$$\frac{\partial u}{\partial t} = \nu\frac{\partial^2 u}{\partial x^2}$$

これを 1 次元熱伝導方程式 (熱方程式，拡散方程式) と呼ぶ．

10.2 初期条件・境界条件

偏微分方程式を解く際に，解が一意的に定まるために何らかの付加条件が必要なことが多い．常微分方程式のときのように，時刻 t における解の関数を与える条件を「初期条件」という．たとえば熱伝導方程式でははじめに針金に与えられた温度分布に相当する条件である．はじめから針金自身が熱せられていた場合初期温度は 0 ではない．具体的には
$$\begin{cases} \dfrac{\partial u}{\partial t} = \nu \dfrac{\partial^2 u}{\partial x^2}, \quad x \in [-\pi, \pi],\ t > 0, \\ u(0, x) = u_0(x), \quad x \in [-\pi, \pi],\ t = 0 \end{cases}$$
のようにである．$u_0(x)$ は具体的な関数で与えられることになる．

一方熱伝導方程式の場合からも容易にわかるように，針金の端点 $x = -\pi, \pi$ において熱量の流入あるいは温度の設定に条件を付ける必要がある．考える領域の境界におく条件なので境界条件と呼ぶ．この条件は常微分方程式の初期値問題にはなかった条件である．

(1) ディリクレ条件 $x = \pm\pi$ において時間に関わらず一定の温度を与える場合，端点に熱源 (ないしは氷など温度を一定に保つもの) がある場合に相当する．
$$\begin{cases} u(t, \pi) = a, \\ u(t, -\pi) = b. \end{cases}$$
とくに $a = b = 0$ のときを 0-ディリクレ条件と呼ぶ (図 10.3)．

(2) ノイマン条件 $x = \pm\pi$ において時間に関わらず一定の熱量の流入・流出がある場合，端点での温度の空間方向の変化率が一定となる．
$$\begin{cases} \dfrac{\partial u}{\partial x}(t, \pi) = a, \\ \dfrac{\partial u}{\partial x}(t, -\pi) = b. \end{cases}$$
とくに $a = b = 0$ のときを 0-ノイマン条件と呼ぶ (図 10.3)．

(3) 周期境界条件 $x = \pm\pi$ において反対側の端点とつながる条件

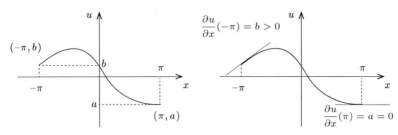

ディリクレ条件
境界での温度が一定

ノイマン条件
境界での熱量の流入・流出
(上図では端点でのグラフの
傾き) が一定

図 10.3 ディリクレ条件とノイマン条件

$$\begin{cases} u(t,\pi) = u(t,-\pi), \\ \dfrac{\partial u}{\partial x}(t,\pi) = \dfrac{\partial u}{\partial x}(t,-\pi). \end{cases}$$

この場合端点での温度あるいはその勾配の値は定まらない.

10.3 熱伝導方程式の解法

区間 $[-\pi,\pi]$ で初期条件と境界条件を定めて熱伝導方程式を解く.

10.3.1 周期境界条件のとき

初期条件 $a(x)$ は周期条件 $a(\pi) = a(-\pi)$ を満たすとする.

$$\begin{cases} \dfrac{\partial u}{\partial t} = \nu \dfrac{\partial^2 u}{\partial x^2}, & x \in [-\pi,\pi],\ t > 0, \\ u(0,x) = a(x), & x \in [-\pi,\pi],\ t = 0, \\ u(t,\pi) = u(t,-\pi), \\ \dfrac{\partial u}{\partial x}(t,\pi) = \dfrac{\partial u}{\partial x} u(t,-\pi) \end{cases}$$

を解く.

解 $u(t,x)$ の x 変数のフーリエ級数展開を考える.

$$u(t) = \frac{1}{2}a_0(t) + \sum_{k=1}^{\infty}\{a_k(t)\cos kx + b_k(t)\sin kx\}$$

各係数 $a_k(t)$ と $b_k(t)$ が t だけの関数となることに注意する.

$$\partial_t u(t) = \frac{1}{2}\partial_t a_0(t) + \sum_{k=1}^{\infty}\{\partial_t a_k(t)\cos kx + \partial_t b_k(t)\sin kx\},$$

$$\frac{\partial u(t)}{\partial x} = \sum_{k=1}^{\infty}\{-ka_k(t)\sin kx + kb_k(t)\cos kx\},$$

$$\frac{\partial^2 u(t)}{\partial x^2} = \sum_{k=1}^{\infty}\{-k^2 a_k(t)\cos kx - k^2 b_k(t)\sin kx\}.$$

熱伝導方程式が成り立つとすれば

$$\frac{1}{2}\partial_t a_0(t) + \sum_{k=1}^{\infty}\{(\partial_t a_k(t) + \nu k^2 a_k(t))\cos kx + (\partial_t a_k(t) + \nu k^2 b_k(t))\sin kx\}$$

$$= 0.$$

各 k について $\cos kx$ と $\sin kx$ をかけて $[-\pi, \pi]$ 上で積分することにより

$$\begin{cases} \partial_t a_k(t) = -\nu k^2 a_k(t), \\ \partial_t b_k(t) = -\nu k^2 b_k(t) \end{cases}$$

を得る. 一方初期値 $a(x)$ もフーリエ級数展開できて

$$a(x) = \frac{1}{2}a_0 + \sum_{k=1}^{\infty}\{a_k\cos kx + b_k\sin kx\}.$$

したがって

$$u(0) = \frac{1}{2}a_0(0) + \sum_{k=1}^{\infty}\{a_k(0)\cos kx + b_k(0)\sin kx\}$$

と等しくなるためには $a_k(0) = a_k$, $b_k(0) = b_k$ を要求する. 以上により

$$\begin{cases} \partial_t a_k(t) = -\nu k^2 a_k(t), \quad a_k(0) = a_k, \\ \partial_t b_k(t) = -\nu k^2 b_k(t), \quad b_k(0) = b_k \end{cases}$$

を解いて

$$\begin{cases} a_k(t) = a_k e^{-\nu k^2 t}, \\ b_k(t) = b_k e^{-\nu k^2 t}. \end{cases}$$

これより解 $u(t)$ は

$$u(t) = \frac{1}{2}a_0 + \sum_{k=1}^{\infty}\{a_k e^{-\nu k^2 t}\cos kx + b_k e^{-\nu k^2 t}\sin kx\}$$

で与えられる.

例 10.1 次の周期境界条件付きの初期値境界値問題を解け.

$$\begin{cases} \dfrac{\partial u}{\partial t} = \nu \dfrac{\partial^2 u}{\partial x^2}, & x \in [-\pi, \pi], \ t > 0, \\[2mm] u(0, x) = |x|, & x \in [-\pi, \pi], \ t = 0, \\[2mm] u(t, \pi) = u(t, -\pi), \\[2mm] \dfrac{\partial u}{\partial x}(t, \pi) = \dfrac{\partial u}{\partial x} u(t, -\pi). \end{cases}$$

初期値 $|x|$ を $[-\pi, \pi]$ 上でフーリエ級数展開すると

$$|x| = \frac{\pi}{2} + \sum_{k=1}^{\infty} \frac{2}{\pi k^2} \{(-1)^k - 1\} \cos kx$$

である一方, 解 $u(t)$ を

$$u(t) = \frac{1}{2} a_0(t) + \sum_{k=1}^{\infty} \{a_k(t) \cos kx + b_k(t) \sin kx\}$$

とおけば

$$\begin{cases} \partial_t a_k(t) = -\nu k^2 a_k(t), & a_k(0) = a_k, \\[2mm] \partial_t b_k(t) = -\nu k^2 b_k(t), & b_k(0) = b_k, \end{cases}$$

かつ $a_k(0) = \frac{2}{\pi k^2} \{(-1)^k - 1\}$ $b_k(0) = 0$ だから

$$\begin{cases} a_k(t) = e^{-\nu k^2 t} \dfrac{2}{\pi k^2} \{(-1)^k - 1\}, & k = 1, 2, \cdots, \\[2mm] a_0(t) = \pi, \\[2mm] b_k(t) = 0. \end{cases}$$

よって解は

$$u(t) = \frac{1}{2} a_0(t) + \sum_{k=1}^{\infty} a_k(t) \cos kx = \frac{\pi}{2} + \sum_{k=1}^{\infty} e^{-\nu k^2 t} \frac{2}{\pi k^2} \{(-1)^k - 1\} \cos kx$$

で与えられる.

このときこの解が, 方程式のみならず境界条件

$$\begin{cases} u(t, \pi) = u(t, -\pi), \\[2mm] \dfrac{\partial u}{\partial x}(t, \pi) = \dfrac{\partial u}{\partial x} u(t, -\pi) \end{cases}$$

をも満たすことは $x = \pm\pi$ を代入することで容易に確認できる. このとき, 初期値では境界点 $x = \pm\pi$ で微分不可能であるが, 解自身は微分可能で微分係数は 0 となることに注意する.

10.3.2 (0-) ディリクレ境界条件のとき

問題を簡単にするため考える区間を $[0, \pi]$ とする．また初期条件 $a(x)$ は整合条件 $a(\pi) = a(0)$ を満たすとする．

$$
\begin{cases}
\dfrac{\partial u}{\partial t} = \nu \dfrac{\partial^2 u}{\partial x^2}, & x \in [0, \pi],\ t > 0, \\[2mm]
u(0, x) = a(x), & x \in [0, \pi],\ t = 0, \\[2mm]
u(t, \pi) = u(t, 0) = 0 &
\end{cases}
$$

を解く．

求める解 $u(t)$ はすべての時間で $u(t, \pi) = u(t, 0) = 0$ を満たさねばならない．そのために $u(t, x)$ を x について $[-\pi, \pi]$ 上に奇関数に拡張する．すなわち

$$
u(t, x) = \begin{cases}
u(t, x), & x \in [0, \pi], \\[2mm]
-u(t, -x), & x \in [-\pi, 0)
\end{cases}
$$

と拡張する．また同時に初期条件も同様に拡張しておく．このとき解 $u(t, x)$ を x 変数のフーリエ級数展開すると，x については偶関数ゆえ必ず sin 級数に展開できる．

$$
u(t, x) = \sum_{k=1}^{\infty} b_k(t) \sin kx
$$

このとき右辺の各項に $x = 0$ あるいは $x = \pi$ を代入すると，$\sin kx$ の性質からすべての項が 0 になることに注意する．これは境界条件 $u(t, 0) = u(t, \pi) = 0$ を満たしていることを意味する．このフーリエ級数を方程式に代入して各係数 $b_k(t)$ を決定すればよい．方程式にフーリエ級数を代入したものに $\sin kx$ をかければ $b_k(t)$ の満たすべき式が得られる．

$$
\frac{1}{\pi} \int_{-\pi}^{\pi} \frac{\partial u}{\partial t} \sin kx\, dx = \partial_t b_k(t).
$$

空間二階微分の項からは

$$
\begin{aligned}
\frac{1}{\pi} \int_{-\pi}^{\pi} \frac{\partial^2 u}{\partial x^2} \sin kx\, dx &= \frac{1}{\pi} \left[\frac{\partial u}{\partial x} \sin kx \right]_{-\pi}^{\pi} - \frac{k}{\pi} \int_{-\pi}^{\pi} \frac{\partial u}{\partial x} \cos kx\, dx \\
&= -\frac{k}{\pi} \left[u(t, x) \cos kx \right]_{-\pi}^{\pi} - \frac{k^2}{\pi} \int_{-\pi}^{\pi} u(t, x) \sin kx\, dx \\
&= \frac{k \cos k\pi}{\pi} \big(u(t, \pi) - u(t, -\pi) \big) - k^2 b_k(t) = -k^2 b_k(t).
\end{aligned}
$$

ただしここで $u(t, \pi) = u(t, -\pi) = 0$ を用いた．さらに初期値 $u_0(x)$ もフーリエ級数に展開できるが，これは奇関数ゆえフーリエ級数の内 a_k の項はすべて

なくなる．したがって
$$a(x) = \sum_{k=1}^{\infty} b_k \sin kx.$$
これより $a_k(0) = 0$ がすべての $k = 1, 2, \cdots$ について成り立つから
$$\begin{cases} \partial_t b_k(t) = -\nu k^2 b_k(t), \\ b_k(0) = b_k. \end{cases}$$
これより解 $u(t)$ は
$$u(t) = \sum_{k=1}^{\infty} b_k e^{-\nu k^2 t} \sin kx$$
で与えられる．

問題 10.1 この解が実際に熱伝導方程式を満たしているかどうか確かめよ．

10.3.3 (0-) ノイマン境界条件のとき

ディリクレ条件と同じく問題を簡単にするため区間を $[0, \pi]$ とする．また初期条件 $a(x)$ は整合条件 $\frac{\partial a}{\partial x}(\pi) = \frac{\partial a}{\partial x}(0) = 0$ を満たすとする．
$$\begin{cases} \dfrac{\partial u}{\partial t} = \nu \dfrac{\partial^2 u}{\partial x^2}, \quad x \in [0, \pi],\ t > 0, \\ u(0, x) = a(x), \quad x \in [0, \pi],\ t = 0, \\ \dfrac{\partial u}{\partial x}(t, \pi) = \dfrac{\partial u}{\partial x}u(t, 0) = 0 \end{cases}$$
を解く．

求める解 $u(t)$ はすべての時間で $\partial_x u(t, \pi) = \partial_x u(t, 0) = 0$ でなければならない．これを満たすような解を求めるため，解を区間 $[-\pi, \pi]$ 上に偶関数として拡張する．すなわち
$$u(t, x) = \begin{cases} u(t, x), \quad x \in [0, \pi], \\ u(t, -x), \quad x \in [-\pi, 0) \end{cases}$$
と拡張する．また同時に初期条件も同様に拡張しておく．このとき解 $u(t, x)$ が x 変数のフーリエ級数展開が可能であると仮定して解が偶関数であることに注意すると
$$u(t, x) = \frac{a_0}{2} + \sum_{k=1}^{\infty} a_k(t) \cos kx$$
と表せる．これを方程式に代入して各係数 $a_k(t)$ を決定すればよい．まず方程

式に代入して $\cos kx$ の係数を調べると時間微分の項から

$$\frac{1}{\pi} \int_{-\pi}^{\pi} \frac{\partial u}{\partial t} \cos kx dx = \partial_t a_k(t).$$

空間微分の項から境界条件 $\frac{\partial u}{\partial x}(t, \pi) = 0 = \frac{\partial u}{\partial x}(t, -\pi)$ に注意して

$$\frac{1}{\pi} \int_{-\pi}^{\pi} \frac{\partial^2 u}{\partial x^2} \cos kx dx = \frac{1}{\pi} \left[\frac{\partial u}{\partial x} \cos kx \right]_{-\pi}^{\pi} + \frac{k}{\pi} \int_{-\pi}^{\pi} \frac{\partial u}{\partial x} \sin kx$$

$$= \frac{1}{\pi} \left[\frac{\partial u}{\partial x}(t, \pi) \cos \pi k - \frac{\partial u}{\partial x}(t, -\pi) \cos \pi k \right]$$

$$+ \frac{k}{\pi} \left[u(t, x) \sin kx \right]_{-\pi}^{\pi} - \frac{k^2}{\pi} \int_{-\pi}^{\pi} u(t, x) \cos kx$$

$$= -k^2 a_k(t).$$

一方初期値 $a(x)$ も偶拡張してフーリエ級数に展開すると $\cos$ 級数となる. したがって

$$a(x) = \frac{1}{2} \tilde{a}_0 + \sum_{k=1}^{\infty} \tilde{a}_k \cos kx.$$

これより各 $k - 0, 1, 2, \cdots$ に対して

$$\begin{cases} \partial_t a_k(t) = -\nu k^2 a_k(t), \\ a_k(0) = \tilde{a}_k. \end{cases}$$

この常微分方程式は前述と同様にして解ける.

$$a_k(t) = \tilde{a}_k e^{-\nu k^2 t}.$$

したがって解 $u(t)$ は

$$u(t) = \frac{1}{2} a_0 + \sum_{k=1}^{\infty} \tilde{a}_k e^{-\nu k^2 t} \cos kx$$

で与えられる.

問題 10.2 この解が実際に熱伝導方程式を満たしているかどうか確かめよ.

例 10.2 次の初期値境界値問題を解け.

$$\begin{cases} \dfrac{\partial u}{\partial t} = \nu \dfrac{\partial^2 u}{\partial x^2}, \quad x \in [0, \pi],\ t > 0, \\ u(t, \pi) = u(t, 0) = 0, \\ u(0, x) = \begin{cases} x, & 0 \le x \le \pi/2 \\ \pi - x, & \pi/2 < x \le \pi \end{cases}, \quad t = 0. \end{cases}$$

初期値を $[-\pi, \pi]$ に奇関数に拡張してからフーリエ級数展開する.

$$b_k = \frac{1}{\pi} \int_{-\pi}^{\pi} u(0,x) \sin kx \, dx$$

$$= \frac{2}{\pi} \int_0^{\pi} u(0,x) \sin kx \, dx$$

$$= \frac{2}{\pi} \int_0^{\pi/2} x \sin kx \, dx + \frac{2}{\pi} \int_{\pi/2}^{\pi} (\pi - x) \sin kx \, dx$$

$$= \frac{2}{\pi} \int_0^{\pi/2} x \left(-\frac{1}{k} \cos kx\right)' dx + 2 \int_{\pi/2}^{\pi} \sin kx \, dx - \frac{2}{\pi} \int_{\pi/2}^{\pi} x \left(-\frac{1}{k} \cos kx\right)' dx.$$

よって

$$b_k = \frac{2}{\pi} \left[-\frac{x}{k} \cos kx\right]_0^{\pi/2} + \frac{2}{\pi k} \int_0^{\pi/2} \cos kx \, dx + 2 \left[-\frac{1}{k} \cos kx\right]_{\pi/2}^{\pi}$$

$$\quad - \frac{2}{\pi} \left[-\frac{x}{k} \cos kx\right]_{\pi/2}^{\pi} - \frac{2}{\pi k} \int_{\pi/2}^{\pi} \cos kx \, dx$$

$$= \frac{2}{\pi} \left[-\frac{\pi}{2k} \cos \frac{\pi k}{2}\right] + \frac{2}{k\pi} \left[\frac{1}{k} \sin kx\right]_0^{\pi/2} + 2 \left[-\frac{1}{k} \cos k\pi + \frac{1}{k} \cos \frac{\pi k}{2}\right]$$

$$\quad - \frac{2}{\pi} \left[-\frac{\pi}{k} \cos k\pi + \frac{\pi}{2k} \cos \frac{\pi k}{2}\right] - \frac{2}{\pi k^2} \left[\sin k\pi - \sin \frac{\pi k}{2}\right]$$

$$= -\frac{1}{k} \cos \frac{\pi k}{2} + \frac{2}{\pi k^2} \sin \frac{\pi k}{2} - \frac{2}{k}(-1)^k + \frac{2}{k} \cos \frac{\pi k}{2}$$

$$\quad + \frac{2}{k}(-1)^k - \frac{1}{k} \cos \frac{\pi k}{2} + \frac{2}{\pi k^2} \sin \frac{\pi k}{2}$$

$$= \frac{4}{\pi k^2} \sin \frac{\pi k}{2}.$$

一方解は奇関数で表されるので

$$u(t,x) = \sum_{k=1}^{\infty} b_k(t) \sin kx$$

となるが

$$\frac{d}{dt} b_k(t) = -\nu k^2 b_k(t)$$

$$b_k(0) = \frac{4}{\pi k^2} \sin \frac{\pi k}{2}$$

であるからその解を求めて

$$b_k(t) = \frac{4}{\pi k^2} \sin \frac{\pi k}{2} e^{-\nu k^2 t}.$$

よって求める解は

$$u(t,x) = \sum_{k=1}^{\infty} \frac{4}{\pi k^2} \sin \frac{\pi k}{2} e^{-\nu k^2 t} \sin kx.$$

問題 10.3 次の初期値境界値問題を解け.
$$\begin{cases} \dfrac{\partial u}{\partial t} = \dfrac{\partial^2 u}{\partial x^2}, & 0 \leq x \leq \pi, \quad t > 0. \\ \dfrac{\partial u}{\partial x}(t,0) = \dfrac{\partial u}{\partial x}(t,\pi) = 0, & \text{ノイマン境界条件}, \\ u(0,x) = \cos^2 \dfrac{1}{2}x, & 0 \leq x \leq \pi. \end{cases}$$

問題 10.4 次の初期値境界値問題を解け.
$$\begin{cases} \dfrac{\partial u}{\partial t} = \nu \dfrac{\partial^2 u}{\partial x^2}, & t > 0, \quad 0 < x < \pi, \\ \dfrac{\partial u}{\partial x}(t,0) = \dfrac{\partial u}{\partial x}(t,\pi) = 0, & t > 0, \\ u_0(0,x) = \sin^3 x, & t = 0. \end{cases}$$

10.4 平面内の熱伝導方程式

図 10.4 のような正方領域内で熱方程式の解法を考える.

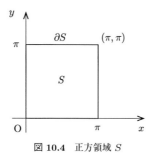

図 **10.4** 正方領域 S

- $S = [0,\pi] \times [0,\pi]$ とおく.
- ∂S をその境界 $\{(x,y); (x,0), (\pi,y), (x,\pi), (0,y)\}, 0 \leq x, y \leq \pi$ とする.
- S 上で次の方程式を考える.

$$\begin{cases} \dfrac{\partial u}{\partial t} = \dfrac{\partial^2 u}{\partial x^2} + \dfrac{\partial^2 u}{\partial y^2}, & (x,y) \in S, \quad t > 0, \\ u(0,x,y) = u_0(x,y), & (x,y) \in S, \\ u(t,x,y) = 0, & (x,y) \in \partial S, \quad t > 0. \end{cases}$$

これは S 上での 0-ディリクレ境界値問題である.

解 $u(x, y)$ が $u(t, x, y) = v(t, x)w(t, y)$ の形に書けていると仮定する. このように変数ごとに関数の積で書ける場合の方法を**変数分離法**と呼ぶ. 方程式から

$$
\begin{cases}
\dfrac{\partial u}{\partial t} = \dfrac{\partial v}{\partial t}w + v\dfrac{\partial w}{\partial t}, \\[2mm]
\dfrac{\partial^2 u}{\partial x^2} + \dfrac{\partial^2 u}{\partial y^2} = \dfrac{\partial^2 v}{\partial x^2}w + v\dfrac{\partial^2 w}{\partial y^2}
\end{cases}
$$

を得るがこれから

$$
\frac{\partial v}{\partial t}w + v\frac{\partial w}{\partial t} = \frac{\partial^2 v}{\partial x^2}w + v\frac{\partial^2 w}{\partial y^2}.
$$

両辺を vw で割って

$$
\frac{1}{v}\frac{\partial v}{\partial t} + \frac{1}{w}\frac{\partial w}{\partial t} = \frac{1}{v}\frac{\partial^2 v}{\partial x^2} + \frac{1}{w}\frac{\partial^2 w}{\partial y^2}.
$$

すなわち

$$
\frac{1}{v}\frac{\partial v}{\partial t} - \frac{1}{v}\frac{\partial^2 v}{\partial x^2} = \frac{1}{w}\frac{\partial w}{\partial t} - \frac{1}{w}\frac{\partial^2 w}{\partial y^2} = \lambda(t).
$$

左辺は (t, x) だけの関数, 右辺は (t, y) だけの関数であるから両者が等しいためにはこれらは x, y について定数でなければならない. そこでそれを t だけによるものとして $\lambda(t)$ とおいて

$$
\begin{cases}
\dfrac{\partial v}{\partial t} = \dfrac{\partial^2 v}{\partial x^2} + \lambda(t)v, \\[2mm]
\dfrac{\partial w}{\partial t} = \dfrac{\partial^2 w}{\partial y^2} - \lambda(t)w.
\end{cases}
$$

いま

$$
\bar{v}(t, x) = v(t, x)\exp\left\{\int_0^t \lambda(s)ds\right\},
$$

$$
\bar{w}(t, y) = w(t, y)\exp\left\{-\int_0^t \lambda(s)ds\right\}
$$

とおきなおすと $\bar{v}$ と $\bar{w}$ はそれぞれ

$$
\begin{cases}
\dfrac{\partial \bar{v}}{\partial t} = \dfrac{\partial^2 \bar{v}}{\partial x^2} \\[2mm]
\dfrac{\partial \bar{w}}{\partial t} = \dfrac{\partial^2 \bar{w}}{\partial y^2}
\end{cases}
$$

を満たすことが容易にわかる. 次に初期条件 $u_0(x, y)$ もまた変数分離されているとする. すなわち $u_0(0, x, y) = a(x)b(y)$ と表されているとする. このとき求める解も変数分離されていると仮定しているので

$$
u(0, x, y) = v(0, x)w(0, y) = \bar{v}(0, x)\bar{w}(0, y) = a(x)b(y).
$$

したがって

$$\frac{\bar{v}(0,x)}{a(x)} = \frac{b(y)}{\bar{w}(0,y)} = \alpha.$$

再びここでも両辺は定数とならなければならないので

$$\bar{v}(0,x) = \alpha a(x), \quad \bar{w}(0,y) = \alpha^{-1}b(y)$$

を得る. すなわち

$$\begin{cases} \dfrac{\partial \bar{v}}{\partial t} = \dfrac{\partial^2 \bar{v}}{\partial x^2}, & x \in [0,\pi] \quad t > 0, \\[2mm] \bar{v}(0,x) = \alpha a(x), \\[2mm] \bar{v}(t,0) = \bar{v}(t,\pi) = 0, & t > 0 \end{cases}$$

と

$$\begin{cases} \dfrac{\partial \bar{w}}{\partial t} = \dfrac{\partial^2 \bar{w}}{\partial y^2}, & x \in [0,\pi], \quad t > 0, \\[2mm] \bar{w}(0,y) = \alpha^{-1}b(y), \\[2mm] \bar{w}(t,0) = \bar{w}(t,\pi) = 0, & t > 0 \end{cases}$$

の2つの1次元熱伝導方程式の解をそれぞれ求めて掛け合わせればよい (α の値が解に反映することはないため, 一般性を失わず $\alpha = 1$ とおいてかまわない).
もしそれぞれの初期値が

$$a(x) = \sum_{k=1}^{\infty} b_k \sin kx,$$

$$b(x) = \sum_{m=1}^{\infty} c_m \sin mx$$

などとフーリエ級数展開される場合は

$$\bar{v}(t,x) = \sum_{k=1}^{\infty} b_k(t) \sin kx$$

とすれば

$$\begin{cases} \partial_t b_k(t) = -k^2 b_k(t), & k = 1, 2, \cdots, \\[2mm] b_k(0) = b_k \end{cases}$$

から $b_k(t) = b_k e^{-k^2 t}$ を, また

$$\bar{w}(t,x) = \sum_{m=1}^{\infty} c_m(t) \sin mx$$

とすれば

$$\begin{cases} \partial_t c_m(t) = -m^2 c_m(t), \quad m = 1, 2, \cdots, \\ c_m(0) = c_m \end{cases}$$

から $c_m(t) = c_m e^{-m^2 t}$ をそれぞれ得るから

$$\bar{v}(t, x) = \sum_{k=1}^{\infty} b_k e^{-k^2 t} \sin kx,$$

$$\bar{w}(t, x) = \sum_{m=1}^{\infty} c_m e^{-m^2 t} \sin mx$$

となり，求める解は

$$u(t, x, y) = v(t, x) w(t, y) = \bar{v}(t, x) \bar{w}(t, y)$$
$$= \sum_{k=1}^{\infty} \sum_{m=1}^{\infty} b_k c_m e^{-(k^2 + m^2) t} \sin kx \sin mx$$

によって与えられる.

10.5 波 動 方 程 式

この節では，ぴんと張られた弦の振動の時間変化の様子を解析することを考える．両端を固定された弦をはじいたときに弦がどのような運動をするかを時間に応じて解析したい.

○ 弦は区間 $[0, \pi]$ 上に張られているとする.

弦の変位 (θ からの位置の変化)： $u(t, x)$

弦の線密度： ρ (一定)

弦にかかる張力： T (一定)

として弦の微小区間 $[x, x + \Delta x]$ における運動方程式をたてると

この区間にかかる張力の垂直成分は，左端：$-T \sin \theta$, 右端：$T \sin \phi$ より

$$(T \sin \phi - T \sin \theta)$$

である (図 10.5).

このとき近似的に

$$\sin \phi \simeq \tan \phi \simeq \frac{\partial u}{\partial x}(t, x + \Delta x),$$

$$\sin \theta \simeq \tan \theta \simeq \frac{\partial u}{\partial x}(t, x).$$

10.5 波動方程式

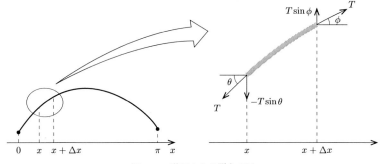

図 10.5 弦にかかる張力の図

よって，運動方程式は $\rho\Delta x$：弦の単位長さあたりの質量であるから

$$\rho\Delta x \frac{\partial^2 u}{\partial x^2}(t,x) = T\frac{\partial u}{\partial x}(t, x+\Delta x) - T\frac{\partial u}{\partial x}(t,x).$$

Δx で割って $\Delta x \to 0$ とすると

$$\rho \frac{\partial^2 u}{\partial t^2} = T \frac{\partial^2 u}{\partial x^2}.$$

とくに $\frac{T}{\rho} = c^2$ とおいて

$$\frac{1}{c^2}\frac{\partial^2 u}{\partial t^2} = \frac{\partial^2 u}{\partial x^2}$$

これを 1 次元波動方程式という．

注意 $\sin\theta \simeq \frac{\partial u}{\partial x}$ とおいたが，より正確には図 10.6 より，

$$\sin\theta = \frac{1}{\sqrt{1+\{\frac{\partial u}{\partial x}(x)\}^2}} \frac{\partial u}{\partial x}(t,x)$$

とするべきであろうから，より正確な弦の振動方程式は

$$\rho \frac{\partial^2 u}{\partial x^2} = \frac{\partial}{\partial x}\left\{\frac{T\frac{\partial u}{\partial x}}{\sqrt{1+(\frac{\partial u}{\partial x})^2}}\right\} = T\frac{\partial}{\partial x}\left\{\frac{\frac{\partial u}{\partial x}}{\sqrt{1+(\frac{\partial u}{\partial x})^2}}\right\}$$

と見込める．これを弦の振動方程式と呼ぶ．

1 次元波動方程式は

$$\frac{1}{\sqrt{1+(\frac{\partial u}{\partial x})^2}} \simeq 1 + \frac{\partial u}{\partial x} + \cdots$$

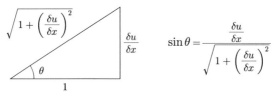

図 10.6 $\sin\theta$ の図 (θ が大きいとき)

と展開したときの第 1 項までをとったものである ($\frac{1}{\sqrt{1+x^2}} = 1 + x + \cdots$).

10.6 波動方程式の解法

熱方程式の場合と同様にして区間上で波動方程式をフーリエ級数を用いて解く. 付加条件として,

境界条件： 固定端　0-ディリクレ条件　または,
　　　　　自由端　(反射端)　0-ノイマン条件

および

初期条件： 始めの弦の位置　$u(0,x)$　かつ
　　　　　始めの弦の速さ　$\frac{\partial u}{\partial t}(0,x)$

を課す.

10.6.1　0-ディリクレ問題

区間 $(0, x)$ で 0-ディリクレ境界条件付きの波動方程式を考える.

$$\begin{cases} \dfrac{1}{c^2}\dfrac{\partial^2 u}{\partial t^2} = \dfrac{\partial^2 u}{\partial^2 x}, & 0 < x < \pi, \quad t \geq 0, \\ u(t,0) = u(t,\pi) = 0, & t \geq 0 \quad (境界条件) \\ \left.\begin{array}{l} u(0,x) = u_0(x), \\ \dfrac{\partial u}{\partial t}(0,x) = u_1(x). \end{array}\right\} \text{共に与えられた}\quad (初期条件) \end{cases}$$

注意　0-ディリクレ問題のときには, $x = 0, \pi$ の境界上で $u(t,x) = 0$ ゆえ初期条件 $u_0(x)$ についても $u_0(x) = 0$, $x = 0, \pi$ が必要.

また $u(t,x)\big|_{x=0} = 0$ より $\frac{\partial u}{\partial t}(t,x)\big|_{x=0,\pi} = 0$. このため $\frac{\partial u}{\partial t}(0,x)\big|_{x=0,\pi} = u_1(x)\big|_{x=0,\pi} = 0$ でもある. これらを**整合条件**と呼ぶ.

10.6 波動方程式の解法 171

(ディリクレ問題の解法) 初期条件 $u_0(x)$ を $[-\pi, \pi]$ に奇関数に拡張し $u_1(x)$ も $u_1(0) = u_1(\pi) = 0$ ゆえ

$$\left.\begin{array}{l} u_0(x) = \sum_{k=1}^{\infty} \tilde{b}_k \sin kx \\ u_1(x) = \sum_{k=1}^{\infty} \tilde{\tilde{b}}_k \sin kx \end{array}\right\} \text{（拡張された初期条件）}$$

とおく.

次に方程式のフーリエ係数を求める. $u(t,x)$ は奇関数ゆえ

$$\frac{1}{c^2}\frac{1}{\pi}\int_{-\pi}^{\pi}\frac{\partial^2 u}{\partial t^2}e^{-ikx}dx = \frac{1}{\pi}\int_{-\pi}^{\pi}\frac{\partial^2 u}{\partial x^2}e^{-ikx}dx$$

$$左辺 = \frac{1}{c^2}\frac{\partial^2}{\partial t^2}\frac{1}{\pi}\int_{-\pi}^{\pi}u(t,x)e^{-ikx}dx$$

$$= \frac{1}{c^2}\frac{\partial^2}{\partial t^2}C_k(t),$$

$$右辺 = \frac{1}{\pi}\left[\frac{\partial u}{\partial x}(\cos kx - i\sin kx)\right]_{-\pi}^{\pi} + \frac{ik}{\pi}\int_{-\pi}^{\pi}\frac{\partial u}{\partial x}e^{-ikx}dx$$

$$= \frac{1}{\pi}\left\{\cos k\pi\left(\frac{\partial u}{\partial x}(t,\pi) - \frac{\partial u}{\partial x}(t,-\pi)\right)\right\}$$

$$+ \frac{ik}{\pi}\left[u(\cos kx - i\sin kx)\right]_{-\pi}^{\pi} + \frac{(ik)^2}{\pi}\int_{-\pi}^{\pi}u(t,x)e^{-ikx}dx$$

$$= \frac{1}{\pi}\left\{\cos k\pi\left(\frac{\partial u}{\partial x}(t,\pi) - \frac{\partial u}{\partial x}(t,-\pi)\right)\right\} + \frac{ik}{\pi}\left\{\cos k\pi(u(t,\pi) - u(t,-\pi))\right\}$$

$$- k^2 C_k(t).$$

いま $u(t,x)$ は $[-\pi, 0)$ に奇関数に拡張されているのだから

$$\frac{\partial u}{\partial x}\bigg|_{x=\pi} = \frac{\partial u}{\partial x}\bigg|_{x=-\pi}.$$

よって

$$\frac{1}{c^2}\frac{d^2}{dt^2}C_k(t) = -k^2 C_k(t)$$

を得る. これと $u(0,x) = u_0(x),\ u'(0,x) = u_1(x)$ の条件から

$$\begin{cases} \dfrac{1}{c^2}\dfrac{d^2}{dt^2}C_k(t) = -k^2 C_k(t), \quad k = 1, 2, \cdots, \\[2mm] \quad\quad C_k(0) = \tilde{b}_k, \\[2mm] \quad \dfrac{d}{dt}C_k(0) = \tilde{\tilde{b}}_k. \end{cases}$$

実部と虚部に分離すれば $a_k(t) = 0$ かつ

$$\begin{cases} \dfrac{d^2}{dt^2} b_k(t) = -c^2 k^2 b_k(t), \quad k = 1, 2, \cdots, \\ \quad b_k(0) = \tilde{b}_k, \\ \dfrac{d}{dt} b_k(0) = \tilde{\tilde{b}}_k. \end{cases}$$

これを解くと一般解が $b_k(t) = A \cos ckt + B \sin ckt$ で与えられることから初期条件を考慮して

$$b_k(t) = \tilde{b}_k \cos ckt + \frac{\tilde{\tilde{b}}_k}{ck} \sin ckt.$$

したがって求める解は

$$u(t, x) = \sum_{k=1}^{\infty} \left(\tilde{b}_k \cos ckt + \frac{\tilde{\tilde{b}}_k}{ck} \sin ckt \right) \sin kx,$$

10.6.2 0-ノイマン問題

前項では 0-ディリクレ境界条件を考えたが，今度は 0-ノイマン条件で波動方程式を考える．

$$\begin{cases} \dfrac{1}{c^2} \dfrac{\partial^2 u}{\partial t^2} = \dfrac{\partial^2 u}{\partial^2 x}, \quad 0 < x < \pi, \quad t \geq 0, \\ \dfrac{\partial u}{\partial x}(t, 0) = \dfrac{\partial u}{\partial x}(t, \pi) = 0, \quad t \geq 0 \quad (\text{境界条件}) \\ \left. \begin{array}{l} u(0, x) = u_0(x), \\ \dfrac{\partial u}{\partial t}(0, x) = u_1(x). \end{array} \right\} \text{ともに与えられた} \quad (\text{初期条件}) \end{cases}$$

注意 0-ノイマン問題のときにも，初期条件 $u_0(x)$ について整合条件がいる．すなわち上の方程式を満たす解が境界まで込めて C^2 (二階微分可能連続) であるとすると，$\dfrac{\partial}{\partial t} \dfrac{\partial}{\partial x} u = \dfrac{\partial}{\partial x} \dfrac{\partial}{\partial t} u$ ゆえ

$$\frac{\partial}{\partial t} \frac{\partial}{\partial x} u(t, 0) = \frac{\partial}{\partial x} \frac{\partial}{\partial t} u(t, 0) = 0, \quad \frac{\partial}{\partial t} \frac{\partial}{\partial x} u(t, 0) = \frac{\partial}{\partial x} \frac{\partial}{\partial t} u(t, \pi) = 0$$

より $t = 0$ を代入して $\frac{\partial}{\partial x} u_1(0) = \frac{\partial}{\partial x} u_1(\pi) = 0$ を得る．これを初期値に対する境界条件を満たすための**整合条件**という．

(ノイマン問題の解法) 初期条件 $u_0(x)$, $u_1(x)$ はともに $\frac{\partial}{\partial x} u_0(0) = \frac{\partial}{\partial x} u_0(\pi)$ $= 0$, $\frac{\partial}{\partial x} u_1(0) = \frac{\partial}{\partial x} u_1(\pi) = 0$ を満たすので，双方とも $[-\pi, \pi]$ に偶関数に拡張する．

10.6 波動方程式の解法　　173

$$\begin{cases} u_0(x) = \dfrac{\tilde{a}_0}{2} + \displaystyle\sum_{k=1}^{\infty} \tilde{a}_k \cos kx \\[4mm] u_1(x) = \dfrac{\widetilde{\tilde{a}_0}}{2} + \displaystyle\sum_{k=1}^{\infty} \widetilde{\tilde{a}_k} \cos kx \end{cases}$$

とおく.

次に方程式のフーリエ係数を求める. $u(t,x)$ は偶関数ゆえ

$$\frac{1}{c^2}\frac{1}{\pi}\int_{-\pi}^{\pi}\frac{\partial^2 u}{\partial t^2}e^{-ikx}dx = \frac{1}{\pi}\int_{-\pi}^{\pi}\frac{\partial^2 u}{\partial x^2}e^{-ikx}dx$$

$$\text{左辺} = \frac{1}{c^2}\frac{\partial^2}{\partial t^2}\frac{1}{\pi}\int_{-\pi}^{\pi}u(t,x)e^{-ikx}dx$$

$$= \frac{1}{c^2}\frac{\partial^2}{\partial t^2}C_k(t),$$

$$\text{右辺} = \frac{1}{\pi}\left[\frac{\partial u}{\partial x}(\cos kx - i\sin kx)\right]_{-\pi}^{\pi} + \frac{ik}{\pi}\int_{-\pi}^{\pi}\frac{\partial u}{\partial x}e^{-ikx}dx$$

$$\text{(境界条件より第一項は 0)}$$

$$= \frac{ik}{\pi}\left[u(\cos kx - i\sin kx)\right]_{-\pi}^{\pi} + \frac{(ik)^2}{\pi}\int_{-\pi}^{\pi}u(t,x)e^{-ikx}dx$$

$$= \frac{ik}{\pi}\left\{\cos k\pi(u(t,\pi) - u(t,-\pi))\right\} - k^2 C_k(t).$$

いま $u(t,x)$ は $[-\pi, 0)$ に偶関数に拡張されているのだから

$$u(t,\pi) = u(t,-\pi).$$

よって

$$\frac{1}{c^2}\frac{d^2}{dt^2}C_k(t) = -k^2 C_k(t)$$

を得る. これと $u(0,x) = u_0(x),\ u'(0,x) = u_1(x)$ の条件から

$$\begin{cases} \dfrac{d^2}{dt^2}a_k(t) = -c^2 k^2 a_k(t), \quad k = 0, 1, 2, \cdots, \\[3mm] a_k(0) = \tilde{a}_k, \\[3mm] \dfrac{d}{dt}a_k(0) = \widetilde{\tilde{a}_k}. \end{cases}$$

これを解くと $a_0(t) = $ 定数 $= \tilde{a}_0$ に注意して初期条件を考慮して

$$a_k(t) = \tilde{a}_k \cos ckt + \frac{\widetilde{\tilde{a}_k}}{ck}\sin ckt.$$

したがって求める解は

174 　　　10. 偏微分方程式の初期値境界値問題とフーリエ解析

$$u(t,x) = \frac{1}{2}\tilde{a}_0 + \sum_{k=1}^{\infty}\left\{\tilde{a}_k \cos ckt + \frac{\widetilde{\widetilde{a_k}}}{ck}\sin ckt\right\}\cos kx.$$

例 10.3 次の波動方程式の初期値境界値問題を解け.

$$\begin{cases} \dfrac{\partial^2 u}{\partial t^2} = \dfrac{\partial^2 u}{\partial x^2}, & 0 < x < \pi, \quad t > 0, \\[2mm] u(t,0) = u(t,\pi) = 0, & t > 0, \\[2mm] u(0,x) = \pi x - x^2, \quad \dfrac{\partial u}{\partial t}(0,x) = 0, & 0 < x < \pi. \end{cases}$$

ディリクレ問題ゆえ,初期値と解を $[-\pi, 0)$ に奇関数に拡張して初期値のフーリエ級数展開を求めると,まず初期値の奇拡張は

$$\begin{cases} \pi x - x^2, & 0 < x \le \pi, \\ \pi x + x^2, & -\pi \le x \le 0. \end{cases}$$

これより各係数は

$$b_k = \frac{2}{\pi}\int_0^{\pi}(\pi x - x^2)\cos kx\, dx = \frac{4}{\pi k^3}(1 - \cos \pi k)$$

で与えられる. 一方係数の満たす方程式は

$$\begin{cases} \dfrac{d^2 b_k}{dt^2}(t) = -c^2 k^2 b_k(t), \\[2mm] b_k(0) = \dfrac{4}{\pi k^3}(1 - \cos \pi k), \ b_k'(0) = 0. \end{cases}$$

これを解けば

$$b_k(t) = \frac{4}{\pi k^3}(1 - \cos \pi k)\cos ckt.$$

したがって求める解は

$$u(t,x) = \sum_{k=1}^{\infty}\frac{4}{\pi k^3}(1 - \cos \pi k)\cos ckt \sin kx$$

であることがわかる.

演 習 問 題　　　　175

演 習 問 題

10.1

(1) $\nu > 0$ とするとき次の熱方程式の初期値境界値問題を解け.
$$\begin{cases} \dfrac{\partial u}{\partial t} = \nu \dfrac{\partial^2 u}{\partial x^2}, & 0 < x < \pi, \quad t > 0, \\[2mm] \dfrac{\partial u}{\partial x}(t, \pi) = \dfrac{\partial u}{\partial x}(t, 0) = 0, & t > 0, \\[2mm] u(0, x) = \cos^4 x, & 0 < x < \pi. \end{cases}$$

(2) $\nu > 0$ とするとき次の熱方程式の初期値境界値問題を解け.
$$\begin{cases} \dfrac{\partial u}{\partial t} = \nu \dfrac{\partial^2 u}{\partial x^2}, & -\infty < x < \infty, \quad t > 0, \\[2mm] u(0, x) = \begin{cases} x + \pi, & -\pi \leq x < 0, \\ -x + \pi, & 0 \leq x \leq \pi \\ 0, & |x| > \pi. \end{cases} \end{cases}$$

(3) $c \neq 0$ とするとき次の波動方程式の初期値境界値問題を解け.
$$\begin{cases} \dfrac{\partial^2 u}{\partial t^2} = c^2 \dfrac{\partial^2 u}{\partial x^2}, & -\infty < x < \infty, \quad t > 0, \\[2mm] u(0, x) = \dfrac{1}{1 + x^2}, & -\infty < x < \infty, \\[2mm] \partial_t(0, x) = 0, & -\infty < x < \infty. \end{cases}$$

(4) $c \neq 0$ とするとき次の波動方程式の初期値境界値問題を解け.
$$\begin{cases} i\dfrac{\partial u}{\partial t} = \dfrac{\partial^2 u}{\partial x^2}, & -\infty < x < \infty, \quad t \geq 0, \\[2mm] u(0, x) = \dfrac{1}{1 + x^2}, & -\infty < x < \infty. \end{cases}$$

10.2 区間 $(-\pi, \pi)$ 上で周期境界条件付きの熱方程式の初期値境界値問題を考える:
$$\begin{cases} \dfrac{\partial u}{\partial t} = \nu \dfrac{\partial^2 u}{\partial x^2}, & -\pi < x < \pi, \quad t > 0, \\[2mm] u(t, \pi) = u(t, -\pi) = 0, & t > 0, \\[2mm] \dfrac{\partial u}{\partial x}(t, \pi) = \dfrac{\partial u}{\partial x}(t, -\pi) = 0, & t > 0, \\[2mm] u(0, x) = u_0(x), & -\pi < x < \pi. \end{cases}$$

初期条件 $u_0(x)$ が平均 0 の条件, すなわち

$$\int_{-\pi}^{\pi} u_0(x)dx = 0$$

を満たすとき上記の初期値境界値問題の解は

$$|u(t)| \leq Ce^{-t}$$

という不等式を満足することを示せ. ここで $C > 0$ は時間 t に依存しない定数である. さらに定数 C は u_0 のフーリエ級数のうち a_1 と b_1 だけで定まることを示せ.

10.3 $c \neq 0$ とするとき次の波動方程式のディリクレ境界条件付き初期値境界値問題を考える:

$$\begin{cases} \dfrac{\partial^2 u}{\partial t^2} = c^2 \dfrac{\partial^2 u}{\partial x^2}, & 0 < x < \pi, \quad t > 0, \\ u(t,0) = u(t,\pi) = 0, & t > 0, \\ u(0,x) = u_0(x), \quad \dfrac{\partial u}{\partial t}(0,x) = u_1(x), & 0 < x < \pi. \end{cases}$$

このとき解 $u(t)$ は次の等式を満たすことを示せ.

$$\int_0^{\pi} \left| \frac{\partial u}{\partial t}(t,x) \right|^2 dx + c^2 \int_0^{\pi} \left| \frac{\partial u}{\partial x}(t,x) \right|^2 dx$$
$$= \int_0^{\pi} |u_1(x)|^2 dx + c^2 \int_0^{\pi} \left| \frac{\partial u_0}{\partial x}(x) \right|^2 dx.$$

10.4 $c > 0$ として次の初期値境界値問題を考える:

$$\begin{cases} \dfrac{\partial^2 u}{\partial t^2} + \dfrac{\partial u}{\partial t} = c^2 \dfrac{\partial^2 u}{\partial x^2}, & 0 < x < \pi, \quad t > 0, \\ u(t,0) = u(t,\pi) = 0, & t > 0, \\ u(0,x) = u_0(x), \quad \dfrac{\partial u}{\partial t}(0,x) = u_1(x), & 0 < x < \pi. \end{cases}$$

この方程式の解を u_0 と u_1 についてのフーリエ級数の係数を用いて表せ.

第 11 章

偏微分方程式の
初期値問題とその解法

前章では，熱伝導方程式と波動方程式の 1 次元区間上での初期値境界値問題をフーリエ級数を用いて扱った．これらの問題は答が有限区間で求まればよいので周期的な関数から答を探せばよかった．もし有界でない区間でこれらの問題を考えるとどのようになるであろうか？ すなわち無限の長さの針金の上の温度分布や，無限の長さの弦の振動の問題である．こうした問題はそれ自身，現実性のない問題のように思えるが，熱伝導方程式や，波動方程式が，単に温度分布や，振動の解析のみを対象とした方程式ではなく，より広範な応用をもつ偏微分方程式であることを認識するにつれ，有界でない区間，特に n 次元ユークリッド空間全体の上で考えることも重要であろうと推測されるに至った．ことに我々に直接関係深いのは，2 次元や 3 次元ユークリッド空間内における，波 (電波や音波の伝播，水面波の伝播) の挙動や熱による物質の拡散，飛散の様子を知ることである．本章では，一次元実数軸上での熱方程式と波動方程式の解析を遠方で未知関数が 0 になるという仮定の下で解析することを試みる．

11.1　熱方程式の初期値問題

11.1.1　斉次熱方程式の初期値問題

無限に長い棒 (針金) 上での温度分布を図 11.1 に示す．$u(t, x)$, $x \in \mathbb{R}$. $|x| \to \infty$ で温度 $\to 0$ とする．

$$\begin{cases} \dfrac{\partial u}{\partial t} = \nu \dfrac{\partial^2 u}{\partial x^2}, \quad t > 0, \quad x \in \mathbb{R}, \\ u(t, x) \to 0, \quad |x| \to \infty, \\ u(0, x) = u_0(x) \quad (\text{初期値}). \end{cases} \tag{11.1}$$

これを熱方程式の初期値問題 (コーシー問題) という．

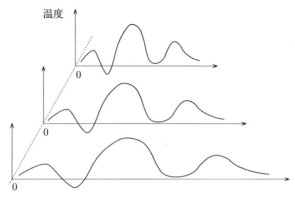

図 11.1 無限に長い針金上の温度分布

混合問題と比べて $u(t,x)$ が $|x| \to \infty$ で 0 という点が異なる．フーリエ級数の代わりにフーリエ変換を用いる．

(熱方程式のコーシー問題の解法) 方程式の両辺をフーリエ変換する．

$$\mathcal{F}\left[\frac{\partial u}{\partial t}\right](\xi) = \mathcal{F}\left[\nu \frac{\partial^2 u}{\partial x^2}\right]$$

$$\mathcal{F}[f](\xi) = (2\pi)^{-\frac{1}{2}} \int_{-\infty}^{\infty} e^{-ix\xi} f(x) dx.$$

$\mathcal{F}[u](\xi) = \hat{u}(\xi)$ とおくと，t についての偏微分はフーリエ変換の変数とは無関係だから

$$\mathcal{F}\left[\frac{\partial u}{\partial t}\right](\xi) = \frac{\partial}{\partial t}\hat{u}(t,\xi).$$

他方右辺は，命題 9.1 の (3) に注意して

$$\frac{\partial}{\partial t}\hat{u}(t,\xi) = \nu \mathcal{F}\left[\frac{\partial^2 u}{\partial x^2}\right](t,\xi)$$
$$= \nu(i\xi)^2 \hat{u}(t,\xi)$$
$$= -\nu\xi^2 \hat{u}(t,\xi).$$

よって，$\hat{u}(t,\xi)$ は各 ξ について

$$\begin{cases} \dfrac{\partial}{\partial t}\hat{u}(t,\xi) = -\nu\xi^2 \hat{u}(t,\xi), \\ \hat{u}(0,\xi) = \hat{u}_0(\xi) \end{cases}$$

を満たす．そこで

$$\hat{u}(t,\xi) = e^{-\nu\xi^2 t}\hat{u}_0(\xi).$$

フーリエの反転公式 (定理 9.3) より両辺を逆フーリエ変換すれば

$$u(t, x) = \mathcal{F}^{-1}[\hat{u}(t, \xi)]$$
$$= \mathcal{F}^{-1}\left[e^{-\nu\xi^2 t}\hat{u}_0(\xi)\right](x).$$

$e^{-t\xi^2}$ と $\hat{u}_0(\xi)$ の積の逆フーリエ変換は各々の逆フーリエ変換の合成積となるのであった (p. 148 の命題 9.5). すなわち

$$\mathcal{F}^{-1}[f \cdot g] = \sqrt{2\pi}^{-1}\check{f} * \check{g}$$

であるから

$$u(t, x) = \sqrt{2\pi}^{-1}\mathcal{F}^{-1}\left[e^{-t\xi^2}\right] * \mathcal{F}^{-1}[\hat{u}_0]$$
$$= \sqrt{2\pi}^{-1}\mathcal{F}^{-1}\left[e^{-\nu\xi^2 t}\right] * u_0,$$
$$\mathcal{F}^{-1}\left[e^{-\nu\xi^2 t}\right] = (2\pi)^{\frac{1}{2}}\int_{\mathbb{R}} e^{ix\xi}e^{-\nu\xi^2 t}d\xi$$
$$= \frac{1}{\sqrt{2\nu t}}e^{-\frac{x^2}{4\nu t}}$$

より

$$u(t, x) = \frac{1}{\sqrt{2\pi}}\left(\frac{1}{\sqrt{2\nu t}}e^{-\frac{x^2}{4\nu t}}\right) * \hat{u}_0(x).$$

定理 11.1 (熱方程式の初期値問題の解の公式)　初期値問題 (11.1) の解 $u(t, x)$ は以下で与えられる.
$$u(t, x) = \frac{1}{\sqrt{4\pi\nu t}}\int_{-\infty}^{\infty} e^{-\frac{(x-y)^2}{4\nu t}}u_0(y)dy.$$

特に $\nu = 1$ のときの積分核

$$G(t, x) = \frac{1}{\sqrt{4\pi t}}e^{-\frac{x^2}{4t}}$$

をガウス核 (the Gauss kernel, Gaussian) と呼ぶ.

例 11.4　次の初期値問題を解け.
$$\begin{cases} \dfrac{\partial u}{\partial t} = \nu\dfrac{\partial^2 u}{\partial x^2}, & t > 0, \quad x \in \mathbb{R}, \\ u(t, x) \to 0, & |x| \to \infty, \\ u(0, x) = e^{-ax^2} & (初期値). \end{cases}$$

方程式の両辺をフーリエ変換して

$$
\begin{cases}
\dfrac{\partial}{\partial t}\hat{u}(t,\xi) = -\nu\xi^2\hat{u}(t,\xi), \\[2mm]
\hat{u}(0,\xi) = \mathcal{F}[e^{-ax^2}].
\end{cases}
$$

ここで $\mathcal{F}[e^{-ax^2}] = \dfrac{1}{\sqrt{2a}}e^{-\frac{\xi^2}{4a}}$. だったから

$$
\hat{u}(t,\xi) = e^{-\nu t\xi^2}\cdot\dfrac{1}{\sqrt{2a}}e^{-\frac{\xi^2}{4a}} = \dfrac{1}{\sqrt{2a}}e^{-(\nu t+\frac{1}{4a})\xi^2}.
$$

これを逆フーリエ変換すれば

$$
u(t,x) = \mathcal{F}^{-1}[\hat{u}(t,\xi)] = \mathcal{F}^{-1}\left[\dfrac{1}{\sqrt{2a}}e^{-(\nu t+\frac{1}{4a})\xi^2}\right].
$$

$k = \nu t + \dfrac{1}{4a}$ と置けば

$$
\begin{aligned}
\dfrac{1}{\sqrt{2a}}\mathcal{F}^{-1}\left[e^{-k\xi^2}\right] &= \dfrac{1}{\sqrt{4a(\nu t+\frac{1}{4a})}}\,e^{-\frac{x^2}{4\nu t+\frac{1}{a}}} \\[2mm]
&= \dfrac{1}{\sqrt{4a\nu t+1}}\,e^{-\frac{ax^2}{4a\nu t+1}}.
\end{aligned}
$$

問題 11.5　上記の解が実際に偏微分方程式を満たすことを確認せよ.

11.1.2　非斉次熱方程式の初期値問題

無限に長い棒の上での温度分布を表す熱伝導方程式に, 外部から強制的に温度を与えるような状況のもとで解く場合は, 強制的な熱源を表す項 $f(t,x)$ が右辺に加えられる. $f(t,x)$ $x\in\mathbb{R}$ は既知として

$$
\begin{cases}
\dfrac{\partial u}{\partial t} = \nu\dfrac{\partial^2 u}{\partial x^2} + f, & t>0, \quad x\in\mathbb{R}, \\[2mm]
u(t,x)\to 0, & |x|\to\infty, \\[2mm]
u(0,x) = u_0(x) & (\text{初期値}).
\end{cases}
\tag{11.2}
$$

これを非斉次熱方程式の初期値問題 (コーシー問題) という.

　この方程式の解はフーリエ変換を用いると常微分方程式の初期値問題を解くことに帰着できる. 方程式の両辺をフーリエ変換すると

$$
\mathcal{F}\left[\dfrac{\partial u}{\partial t}\right](\xi) = \mathcal{F}\left[\nu\dfrac{\partial^2 u}{\partial x^2}\right] + \mathcal{F}[f].
$$

$\mathcal{F}[u](\xi) = \hat{u}(\xi)$, $\mathcal{F}[f](t,\xi) = \hat{f}(t,\xi)$ とおくと, 初期値もフーリエ変換すれば命題 9.5 に注意して,

を満たす．非斉次項をもつ線形常微分方程式の解法を想起すると，上の式の両辺に $e^{\nu\xi^2 t}$ をかけて

$$e^{\nu\xi^2 t}\frac{d}{dt}\hat{u}(t,\xi) + e^{\nu\xi^2 t}\nu\xi^2\hat{u}(t,\xi) = e^{\nu\xi^2 t}\hat{f}(t,\xi),$$

$$\frac{d}{dt}\left(e^{\nu\xi^2 t}\hat{u}(t,\xi)\right) = e^{\nu\xi^2 t}\hat{f}(t,\xi),$$

$$e^{\nu\xi^2 t}\hat{u}(t,\xi) - \hat{u}(0,\xi) = \int_0^t e^{\nu\xi^2 \tau}\hat{f}(\tau,\xi)d\tau.$$

すなわち

$$\hat{u}(t,\xi) = e^{-\nu\xi^2 \tau}\hat{u}_0(\xi) + \int_0^t e^{-\nu\xi^2(t-\tau)}\hat{f}(\tau,\xi)d\tau.$$

フーリエの反転公式 (定理 9.3) より両辺を逆フーリエ変換すれば

$$u(t,x) = \mathcal{F}^{-1}[e^{-\nu\xi^2 \tau}\hat{u}_0(\xi)] + \mathcal{F}^{-1}\left[\int_0^t e^{-\nu\xi^2(t-\tau)}\hat{f}(\tau,\xi)d\tau\right]$$

$$= \frac{1}{\sqrt{2\pi}}\mathcal{F}^{-1}\left[e^{-\nu\xi^2 t}\right] * u_0 + \int_0^t \mathcal{F}^{-1}\left[e^{-\nu\xi^2(t-\tau)}\hat{f}(\tau,\xi)\right]d\tau$$

$$= \frac{1}{\sqrt{2\pi}}\mathcal{F}^{-1}\left[e^{-\nu\xi^2 t}\right] * u_0 + \int_0^t \frac{1}{\sqrt{2\pi}}\mathcal{F}^{-1}\left[e^{-\nu\xi^2(t-\tau)}\right] * f(\tau,x)d\tau$$

$$= \frac{1}{\sqrt{4\pi\nu t}}e^{-\frac{x^2}{4\nu t}} * u_0 + \int_0^t \frac{1}{\sqrt{4\pi\nu(t-\tau)}}e^{-\frac{x^2}{4\nu(t-\tau)}} * f(\tau,x)d\tau.$$

ここで $*$ は合成積を表す (9.4.1 項 (p. 141) 参照).

したがって以下の公式を得る．

定理 11.2 （非斉次熱方程式の初期値問題の解の公式） 初期値問題 (11.2) の解 $u(t,x)$ は次で与えられる．

$$u(t,x) = \frac{1}{\sqrt{4\pi\nu t}}e^{-\frac{x^2}{4\nu t}} * u_0 + \int_0^t \frac{1}{\sqrt{4\pi\nu(t-\tau)}}e^{-\frac{x^2}{4\nu(t-\tau)}} * f(\tau,x)d\tau.$$

問題 11.6 次の初期値問題

$$\begin{cases} \dfrac{\partial u}{\partial t} = \dfrac{\partial^2 u}{\partial x^2} - u + f, \quad t > 0, \quad x \in \mathbb{R}, \\ u(t,x) \to 0, \quad |x| \to \infty, \\ u(0,x) = u_0(x) \quad \text{(初期値)} \end{cases} \tag{11.3}$$

の解を u_0 と $f = f(t,x)$ で表せ.

11.1.3 高次元の熱方程式

これまでは針金の上の温度分布など，1次元上での熱の問題を考えてきたが，同様の問題を平面上，あるいは空間内で考えることも可能であり，応用上はずっと重要である．たとえば平面上を自由に動き回る点がでたらめに運動するとき，そうした無数の点全体の平均的な挙動は，次の拡散方程式の解であるところの関数 $u(t,x_1,x_2)$ によって与えられる．

$$\begin{cases} \dfrac{\partial u}{\partial t} = \nu \left(\dfrac{\partial^2 u}{\partial x_1^2} + \dfrac{\partial^2 u}{\partial x_2^2} \right) + f, \quad t > 0, \quad (x_1,x_2) \in \mathbb{R}^2, \\ u(t,x_1,x_2) \to 0, \quad |(x_1,x_2)| \to \infty, \\ u(0,x_1,x_2) = u_0(x_1,x_2) \quad \text{(初期値)}. \end{cases} \tag{11.4}$$

ここで $\nu > 0$ は定数，$f = f(t,x_1,x_2)$ は与えられた関数である．二階微分作用素

$$\frac{\partial^2}{\partial x_1^2} + \frac{\partial^2}{\partial x_2^2}$$

はしばしば Δ と表されてラプラシアンと呼ばれる．ラプラシアンを用いると初期値問題は以下のように簡潔に表される．

$$\begin{cases} \dfrac{\partial u}{\partial t} = \nu \Delta u + f, \quad t > 0, \quad (x_1,x_2) \in \mathbb{R}^2, \\ u(t,x_1,x_2) \to 0, \quad |(x_1,x_2)| \to \infty, \\ u(0,x_1,x_2) = u_0(x_1,x_2) \quad \text{(初期値)}. \end{cases} \tag{11.5}$$

これを 2 次元熱方程式あるいは 2 次元拡散方程式と呼ぶ.

初期値問題 (11.5) は 1 次元の場合と同様にフーリエ変換で解をあらわに書くことができる．簡単のため $f \equiv 0$ とする．$x = (x_1,x_2)$, $\xi = (\xi_1,\xi_2)$ とおくと 2 次元フーリエ変換 (9.7 節 (p. 152) 参照) は

$$\mathcal{F}[u](\xi) = \left((2\pi)^{-1/2} \right)^2 \int_{-\infty}^{\infty} \int_{-\infty}^{\infty} e^{-i(x_1\xi_2 + x_2\xi_2)} f(x) dx_1 dx_2$$

$$= (2\pi)^{-1} \int_{-\infty}^{\infty} \int_{-\infty}^{\infty} e^{-ix \cdot \xi} f(x) dx$$

だったので，1次元の場合と同様に方程式の両辺をフーリエ変換すると

$$\mathcal{F}\left[\frac{\partial u}{\partial t}\right](\xi) = \mathcal{F}[\nu \Delta u].$$

$\mathcal{F}[u](\xi) = \hat{u}(\xi)$ とおくと，t についての偏微分はフーリエ変換の変数とは無関係だから

$$\mathcal{F}\left[\frac{\partial u}{\partial t}\right](\xi) = \frac{\partial}{\partial t}\hat{u}(t,\xi).$$

他方，右辺は命題 9.1 の (3) に注意して

$$\begin{aligned}
\frac{\partial}{\partial t}\hat{u}(t,\xi) &= \nu \mathcal{F}[\Delta u](t,\xi) \\
&= \nu\big((i\xi_1)^2 + (i\xi_2)^2\big)\hat{u}(t,\xi) \\
&= -\nu|\xi|^2 \hat{u}(t,\xi).
\end{aligned}$$

よって，$\hat{u}(t,\xi)$ は各 ξ について

$$\begin{cases} \dfrac{\partial}{\partial t}\hat{u}(t,\xi) = -\nu|\xi|^2 \hat{u}(t,\xi), \\[2mm] \quad \hat{u}(0,\xi) = \hat{u}_0(\xi) \end{cases}$$

をみたす．そこで

$$\hat{u}(t,\xi) = e^{-\nu|\xi|^2 t}\hat{u}_0(\xi).$$

フーリエの反転公式 (定理 9.3) を各変数ごとに適用して両辺を逆フーリエ変換すれば

$$\begin{aligned}
u(t,x) &= \mathcal{F}^{-1}[\hat{u}(t,\xi)] \\
&= \mathcal{F}^{-1}\left[e^{-\nu|\xi|^2 t}\hat{u}_0(\xi)\right](x).
\end{aligned}$$

$e^{-t\xi^2}$ と $\hat{u}_0(\xi)$ の積) の逆フーリエ変換は各々の逆フーリエ変換の合成積の公式命題 9.5

$$\mathcal{F}^{-1}[f \cdot g] = \sqrt{2\pi}^{-1} \check{f} * \check{g}$$

であるから

$$\begin{aligned}
u(t,x) &= (2\pi)^{-1}\mathcal{F}^{-1}\left[e^{-t|\xi|^2}\right] * \mathcal{F}^{-1}[\hat{u}_0] \\
&= (2\pi)^{-1}\mathcal{F}^{-1}\left[e^{-\nu|\xi|^2 t}\right] * u_0.
\end{aligned}$$

ここで補題 9.6 (3) から

$$\mathcal{F}^{-1}\left[e^{-\nu\xi^2 t}\right] = \mathcal{F}^{-1}\left[2\pi\widehat{G_{\nu t}}\right]$$
$$= 2\pi G_{\nu t}(x) = \frac{1}{2\nu t}e^{-\frac{|x|^2}{4\nu t}}$$

より

$$u(t,x) = \frac{1}{2\pi}\left(\frac{1}{2\nu t}e^{-\frac{x^2}{4\nu t}}\right)*\hat{u}_0(x).$$

以上の計算は変数の数が $3, 4, \cdots$, とふえても本質的には変わりない. すなわち次の公式が得られる.

定理 11.3 (高次元熱方程式の初期値問題の解の公式) 初期値問題 (11.5) の解 $u(t,x)$ は以下で与えられる.
$$u(t,x) = \frac{1}{(4\pi\nu t)^{n/2}}\int_{-\infty}^{\infty}\cdots\int_{-\infty}^{\infty}e^{-\frac{|x-y|^2}{4\nu t}}u_0(y)dy.$$

問題 11.7 外力項 f が 0 ではないときに初期値問題 (11.5) の解 $u(t,x)$ を定理 11.2 にならって表せ.

11.2 波動方程式の初期値問題

11.2.1 斉次波動方程式の初期値問題
熱方程式の場合と同様にして無限に長い水面, ないしは弦の振動を説明する波の伝播を考える.

考える方程式は
$$\begin{cases}
\dfrac{\partial^2 u}{\partial t^2} = c^2\dfrac{\partial^2 u}{\partial x^2}, & t > 0, \quad x \in \mathbb{R}, \\
u(t,x) \to 0, & |x| \to \infty, \\
u(0,x) = u_0(x) & (初期値), \\
\dfrac{d}{dt}u(0,x) = u_1(x) & (初期値).
\end{cases}$$
これを波動方程式の初期値問題 (コーシー問題) という.

方程式が時間に関して二階となっているので初期条件は二つ必要になる.

解法にはフーリエ変換を用いる. したがって解には $|x| \to \infty$ において十分早

11.2 波動方程式の初期値問題   185

く減衰するという条件を課す. たとえば

$$\int_{-\infty}^{\infty} |u(x)|^2 dx < \infty$$

であれば十分である.

(波動方程式のコーシー問題の解法)   方程式の両辺をフーリエ変換する.

$$\frac{\partial^2 u}{\partial t^2} = c^2 \frac{\partial^2 u}{\partial x^2}, \quad t > 0, \quad x \in \mathbb{R}, \quad c > 0$$

の解に対して $\mathcal{F}[u](\xi) = \hat{u}(\xi)$ とおくと,

$$\mathcal{F}\left[\frac{\partial^2 u}{\partial t^2}\right] = \mathcal{F}\left[c^2 \frac{\partial^2 u}{\partial x^2}\right]$$

$$\frac{\partial^2}{\partial t^2}\hat{u}(t,\xi) = c^2 \mathcal{F}\left[\frac{\partial^2 u}{\partial x^2}\right](t,\xi)$$

$$= c^2 (i\xi)^2 \hat{u}(t,\xi)$$

$$= -c^2 \xi^2 \hat{u}(t,\xi).$$

よって, $\hat{u}(t,\xi)$ は各 ξ について

$$\begin{cases} \dfrac{\partial^2}{\partial t^2}\hat{u}(t,\xi) = -c^2\xi^2 \ddot{u}(t,\xi), \\[2mm] \hat{u}(0,\xi) = \hat{u}_0(\xi), \\[2mm] \dfrac{\partial}{\partial t}\hat{u}(0,\xi) = \hat{u}_1(\xi) \end{cases}$$

をみたす. これは二階常微分方程式であり基本解系は $\cos c|\xi|t$ と $\sin c|\xi|t$ である (4.4.3 項 (p. 41) 参照). よって求める解の一般形は

$$\hat{u}(t,\xi) = A(\xi)\cos c|\xi|t + B(\xi)\sin c|\xi|t$$

で与えられる. 初期条件を考慮すると

$$\hat{u}(0,\xi) = A(\xi)\cos c|\xi|t\Big|_{t=0} + B(\xi)\sin c|\xi|t\Big|_{t=0}$$

$$= A(\xi) \equiv \hat{u}_0(\xi),$$

$$\frac{d}{dt}\hat{u}(0,\xi) = -A(\xi)c|\xi|\sin c|\xi|t\Big|_{t=0} + B(\xi)c|\xi|\cos c|\xi|t\Big|_{t=0}$$

$$= B(\xi)c|\xi| \equiv \hat{u}_1(\xi).$$

すなわち $A(\xi) = \hat{u}_0(\xi)$, $B(\xi) = \dfrac{\hat{u}_1(\xi)}{c|\xi|}$. したがって

$$\hat{u}(t,\xi) = \cos c|\xi|t\, \hat{u}_0(\xi) + \frac{\sin c|\xi|t}{c|\xi|}\, \hat{u}_1(\xi).$$

フーリエの反転公式 (定理 9.3) より両辺を逆フーリエ変換すれば解が得られる.

$$u(t,x) = \mathcal{F}^{-1}[\hat{u}(t,\xi)]$$
$$= \mathcal{F}^{-1}\left[\cos c|\xi|t\ \hat{u}_0(\xi)\right](x) + \mathcal{F}^{-1}\left[\frac{\sin c|\xi|t}{c|\xi|}\ \hat{u}_1(\xi)\right](x).$$

右辺第一項を求めるには

$$\mathcal{F}^{-1}\left[\cos c|\xi|t\ \hat{u}_0(\xi)\right] = \frac{1}{\sqrt{2\pi}}\int_{-\infty}^{\infty} e^{ix\xi}\left(e^{ic|\xi|t} + e^{-ic|\xi|t}\right)\hat{u}_0(\xi)d\xi$$

$$= \frac{1}{2\sqrt{2\pi}}\int_{0}^{\infty}\left\{e^{ix\xi+ct\xi} + e^{ix\xi-ct\xi}\right\}\hat{u}_0(\xi)d\xi$$

$$+ \frac{1}{2\sqrt{2\pi}}\int_{-\infty}^{0}\left\{e^{ix\xi-ct\xi} + e^{ix\xi+ct\xi}\right\}\hat{u}_0(\xi)d\xi$$

$$= \frac{1}{2\sqrt{2\pi}}\int_{-\infty}^{\infty}\left\{e^{i(x+ct)\xi} + e^{i(x-ct)\xi}\right\}\hat{u}_0(\xi)d\xi$$

$$= \frac{1}{2}\left(\mathcal{F}^{-1}[\hat{u}_0](x+ct) + \mathcal{F}^{-1}[\hat{u}_0](x-ct)\right)$$

$$= \frac{1}{2}\left(u_0(x+ct) + u_0(x-ct)\right).$$

右辺第二項は $W_1(t)u_1 \equiv \mathcal{F}^{-1}\left[\dfrac{\sin c|\xi|t}{c|\xi|}\ \hat{u}_1(\xi)\right](x)$ と置けば

$$\frac{d}{dt}W_1(t)u_1 = \mathcal{F}^{-1}\left[\cos c|\xi|t\ \hat{u}_1(\xi)\right]$$

$$= \frac{1}{2}\left(u_1(x+ct) + u_1(x-ct)\right) \quad \text{(前の議論から)}$$

かつ

$$W_1(0)u_1 = \lim_{t\to 0}\mathcal{F}^{-1}\left[\frac{\sin c|\xi|t}{c|\xi|}\ \hat{u}_1(\xi)\right] = 0$$

より t 変数で積分して

$$W_1(t)u_1 = \int_0^t \frac{1}{2}\left(u_1(x+cs) + u_1(x-cs)\right)ds$$

$$= \frac{1}{2c}\left(\int_0^{ct} u_1(x+s)ds + \int_0^{-ct} u_1(x+s)(-ds)\right)$$

$$= \frac{1}{2c}\int_{-ct}^{ct} u_1(x+s)ds = \frac{1}{2c}\int_{x-ct}^{x+ct} u_1(s)ds.$$

これにより波動方程式の初期値問題の解は

$$u(t,x) = \frac{1}{2}\left(u_0(x+ct) + u_0(x-ct)\right) + \frac{1}{2c}\int_{x-ct}^{x+ct} u_1(s)ds$$

にて与えられる. これをダランベールの公式 (d'Alembert's formula) と呼ぶ.

11.2 波動方程式の初期値問題 187

定理 11.4 1次元波動方程式の初期値問題に対するダランベールの公式：
$$u(t, x) = \frac{1}{2}\left(u_0(x + ct) + u_0(x - ct)\right) + \frac{1}{2c}\int_{x-ct}^{x+ct} u_1(s)ds.$$

11.2.2 非斉次波動方程式の初期値問題

熱方程式の場合と同様にして外から波を強制的に振動させる効果をもつモデルを考える．$f(t, x)$ は与えられた強制力を表す項で**強制項**ないしは**外力項**と呼ばれる．

こうした項をもつ方程式は非斉次方程式という次の形の方程式となる．

$$\begin{cases} \dfrac{\partial^2 u}{\partial t^2} = c^2 \dfrac{\partial^2 u}{\partial x^2} + f, \quad t > 0, \quad x \in \mathbb{R}, \\[2mm] u(t, x) \to 0, \quad |x| \to \infty, \\[2mm] u(0, x) = u_0(x) \quad (初期値), \\[2mm] \dfrac{d}{dt}u(0, x) = u_1(x) \quad (初期値). \end{cases}$$

この問題は外力項 f が恒等的に 0 である場合の解と二つの初期値が恒等的に 0 となる二つの解の重ね合わせで与えられる．

外力項が 0 となる場合は前節で求めたので初期値が 0 で外力が 0 とならない場合を考える．解くべき方程式は

$$\begin{cases} \dfrac{\partial^2 u}{\partial t^2} = c^2 \dfrac{\partial^2 u}{\partial x^2} + f, \quad t > 0, \quad x \in \mathbb{R}, \\[2mm] u(0, x) = \dfrac{d}{dt}u(0, x) = 0 \quad (初期値) \end{cases}$$

である．両辺をフーリエ変換すると，

$$\begin{cases} \dfrac{\partial^2}{\partial t^2}\hat{u}(t, \xi) = -c^2\xi^2\hat{u}(t, \xi) + \hat{f}(t, \xi), \\[2mm] \hat{u}(0, \xi) = \hat{u}_1(\xi) = 0 \end{cases}$$

をみたす．非斉次項をもつ二階線形常微分方程式の解法 (定数変化法；p. 42 の定理 4.5) を想起すると斉次方程式の基本解系が $e^{ic|\xi|t}$ と $e^{-ic|\xi|t}$ で与えられることからロンスキアン $W(t)$ は

$$W(t) = \begin{vmatrix} e^{ic|\xi|t}, & e^{-ic|\xi|t} \\ ic|\xi|e^{ic|\xi|t}, & -ic|\xi|e^{-ic|\xi|t} \end{vmatrix}$$

$$= -2ic|\xi|.$$

特解 $\hat{u}(t,\xi)$ は

$$\hat{u}(t,\xi) = -e^{ic|\xi|t}\int_0^t \frac{e^{-ic|\xi|s}\hat{f}(s,\xi)}{W(s)}ds + e^{-ic|\xi|t}\int_0^t \frac{e^{ic|\xi|s}\hat{f}(s,\xi)}{W(s)}ds$$

$$= \int_0^t \frac{e^{ic|\xi|(t-s)}}{2ic|\xi|}\hat{f}(s,\xi)ds - \int_0^t \frac{e^{-ic|\xi|(t-s)}}{2ic|\xi|}\hat{f}(s,\xi)ds$$

$$= \int_0^t \frac{e^{ic|\xi|(t-s)} - e^{-ic|\xi|(t-s)}}{2ic|\xi|}\hat{f}(s,\xi)ds$$

$$= \int_0^t \frac{\sin c|\xi|(t-s)}{c|\xi|}\hat{f}(s,\xi)ds.$$

フーリエの反転公式 (定理 9.3) より両辺を逆フーリエ変換すれば前節の議論から

$$u(t,x) = \mathcal{F}^{-1}\left[\int_0^t \frac{\sin c|\xi|(t-s)}{c|\xi|}\hat{f}(s,\xi)ds\right]$$

$$= \int_0^t \mathcal{F}^{-1}\left[\frac{\sin c|\xi|(t-s)}{c|\xi|}\hat{f}(s,\xi)\right]ds$$

$$= \frac{1}{2c}\int_0^t \int_{x-c(t-s)}^{x+c(t-s)} f(s,y)dyds = \frac{1}{2c}\int_0^t \int_{x-ct}^{x+ct} f(s,y+cs)dyds.$$

したがって初期値を考慮に入れた以下の解の公式を得る.

定理 11.5 (非斉次波動方程式の初期値問題の解の公式)

$$u(t,x) = \frac{1}{2}\left(u_0(x+ct) + u_0(x-ct)\right) + \frac{1}{2c}\int_{x-ct}^{x+ct} u_1(s)ds$$

$$+ \frac{1}{2c}\int_0^t \int_{x-ct}^{x+ct} f(s,y+cs)dyds.$$

11.3　シュレディンガー方程式の初期値問題

　量子力学によると, 微小な世界における自由な粒子の運動は次のシュレディンガー方程式 (the Schrödinger equation) に従うと考えられる.

- 電子などの微小な粒子存在確率密度 $u(t,x)\colon \mathbb{R}\times\mathbb{R}\to\mathbb{C}$ で与えられる.
- $|x|\to\infty$ で存在確率は 0 に近づく.

11.3 シュレディンガー方程式の初期値問題　　189

- $\hbar$：プランク定数，つまり $h = 6.626 \times 10^{-34}$ Js に対して $\hbar = h/2\pi = 1.055 \times 10^{-34}$ Js (ディラック定数とも呼ばれる)

として，

$$
\begin{cases}
i\hbar \dfrac{\partial u}{\partial t} + \dfrac{\hbar^2}{2m} \dfrac{\partial^2 u}{\partial x^2} = 0, & t > 0, \quad x \in \mathbb{R}, \\[2mm]
u(t, x) \to 0, & |x| \to \infty, \\[2mm]
u(0, x) = u_0(x) \quad (\text{初期値}).
\end{cases}
\tag{11.6}
$$

これをシュレディンガー方程式の初期値問題 (コーシー問題) という.

方程式は変数の適当な変換 $(t/\hbar \to t)$ $((2m)^{1/2}x/\hbar \to x)$ によって，次のより簡単な形の方程式に書き換えられる.

$$
\begin{cases}
i \dfrac{\partial u}{\partial t} + \dfrac{\partial^2 u}{\partial x^2} = 0, & t > 0, \quad x \in \mathbb{R}, \\[2mm]
u(t, x) \to 0, & |x| \to \infty, \\[2mm]
u(0, x) = u_0(x) \quad (\text{初期値}).
\end{cases}
\tag{11.7}
$$

解が 2 乗可積分の集合に含まれることを要求すると，この方程式の解は熱方程式の解法と同様にフーリエ変換を用いて得られる.

(シュレディンガー方程式のコーシー問題の解法)　方程式の両辺をフーリエ変換する.

$$
\mathcal{F}\left[\frac{\partial u}{\partial t}\right](\xi) = i\mathcal{F}\left[\frac{\partial^2 u}{\partial x^2}\right].
$$

$\mathcal{F}[u](\xi) = \hat{u}(\xi)$ とおくと，

$$
\begin{aligned}
\frac{\partial}{\partial t}\hat{u}(t, \xi) &= i\mathcal{F}\left[\frac{\partial^2 u}{\partial x^2}\right](t, \xi) \\
&= i(i\xi)^2 \hat{u}(t, \xi) \\
&= -i\xi^2 \hat{u}(t, \xi).
\end{aligned}
$$

よって，$\hat{u}(t, \xi)$ は各 ξ について

$$
\begin{cases}
\dfrac{\partial}{\partial t}\hat{u}(t, \xi) = -i\xi^2 \hat{u}(t, \xi), \\[2mm]
\hat{u}(0, \xi) = \hat{u}_0(\xi)
\end{cases}
$$

をみたす. そこで

$$
\hat{u}(t, \xi) = e^{-i\xi^2 t} \hat{u}_0(\xi).
$$

フーリエの反転公式 (定理 9.3) より両辺を逆フーリエ変換すれば

$$u(t,x) = \mathcal{F}^{-1}[\hat{u}(t,\xi)]$$
$$= \mathcal{F}^{-1}\left[e^{-i\xi^2 t}\hat{u}_0(\xi)\right](x)$$

$(e^{-it\xi^2}$ と $\hat{u}_0(\xi)$ の積) の逆フーリエ変換は各々の逆フーリエ変換の合成積

$$\mathcal{F}^{-1}[f \cdot g] = \sqrt{2\pi}^{-1}\check{f} * \check{g}$$

(命題 9.2 の (1) の両辺を逆フーリエ変換したもの参照) であるから

$$u(t,x) = \sqrt{2\pi}^{-1}\mathcal{F}^{-1}\left[e^{-it\xi^2}\right] * \mathcal{F}^{-1}[\hat{u}_0]$$
$$= \sqrt{2\pi}^{-1}\mathcal{F}^{-1}\left[e^{-i\xi^2 t}\right] * u_0,$$
$$\mathcal{F}^{-1}\left[e^{-\nu\xi^2 t}\right] = (2\pi)^{\frac{1}{2}}\int_{\mathbb{R}} e^{ix\xi}e^{-i\xi^2 t}d\xi$$
$$= \frac{1}{\sqrt{2it}}e^{-\frac{x^2}{4it}}$$

より

$$u(t,x) = \frac{1}{\sqrt{2\pi}}\left(\frac{1}{\sqrt{2it}}e^{-\frac{x^2}{4it}}\right) * \hat{u}_0(x).$$

定理 11.6 (シュレディンガー方程式の初期値問題の解の公式)　初 期 値
問題 (11.7) の解 $u(t,x)$ は以下で与えられる.
$$u(t,x) = \frac{1}{\sqrt{4\pi it}}\int_{-\infty}^{\infty} e^{-\frac{(x-y)^2}{4it}} u_0(y)dy.$$

問題 11.8　定理 11.2 にならって非斉次項をもつ, シュレディンガー方程式の
初期値問題

$$\begin{cases} i\dfrac{\partial u}{\partial t} + \dfrac{\partial^2 u}{\partial x^2} = f, & t > 0, \quad x \in \mathbb{R}, \\ u(t,x) \to 0, & |x| \to \infty, \\ u(0,x) = u_0(x) \quad (\text{初期値}) \end{cases} \tag{11.8}$$

の解を u_0 と $f = f(t,x)$ で表せ.

11.4 ストークス方程式の初期値問題

流体力学において，非圧縮性の粘性流体に対する運動方程式は固定した点から観測した場合に，次のナビエ-ストークス方程式に従うと考えられる．

- 流体の速度ベクトル： $u(t,x) = (u_1, u_2, u_3)\colon \mathbb{R}_+ \times \mathbb{R}^3 \to \mathbb{R}^3$,
- 外部から流体に加わる力： $f(t,x) = (f_1, f_2, f_3)\colon \mathbb{R}_+ \times \mathbb{R}^3 \to \mathbb{R}^3$,
- 流体の内部圧力： $p(t,x)\colon \mathbb{R}_+ \times \mathbb{R}^3 \to \mathbb{R}$,
- 速度ベクトル u は $|x| \to \infty$ で $|u| \to 0$ を満たすものとして

$$\begin{cases} \dfrac{\partial u}{\partial t} + (u \cdot \nabla)u = -\nabla p + \Delta u + f, & t > 0, \quad x \in \mathbb{R}^3, \\[2mm] \operatorname{div} u = 0, \quad t > 0, \quad x \in \mathbb{R}^3, \\[2mm] u(t,x) \to 0, \quad |x| \to \infty, \\[2mm] u(0,x) = u_0(x) \quad (\text{初期値}). \end{cases} \tag{11.9}$$

これをナビエ-ストークス方程式の初期値問題 (コーシー問題) という．ベクトル解析について不慣れな読者のために非線形項 $(u \cdot \nabla)u$ を成分で書き下しておくと

$$(u \cdot \nabla)u_i = \sum_{k=1}^{3} u_k \frac{\partial}{\partial x_k} u_i.$$

この方程式は左辺に解 u 自身の積を含むために，非線形方程式となり，このままではフーリエの方法を直接的に適用することができない．厳密には今日に至るまで，解の表示はおろか，存在定理すら十分に得られているわけではない．そこで問題を簡略化して取り扱いやすくする．物理的にはより流速の小さい場合の近似方程式として以下のものを取り扱うことが多い．

$$\begin{cases} \dfrac{\partial u}{\partial t} - \Delta u + \nabla p = f, \quad t > 0, \quad x \in \mathbb{R}^3, \\[2mm] \operatorname{div} u = 0, \quad t > 0, \quad x \in \mathbb{R}^3, \\[2mm] u(t,x) \to 0, \quad |x| \to \infty, \\[2mm] u(0,x) = u_0(x) \quad (\text{初期値}). \end{cases} \tag{11.10}$$

これをナビエ-ストークス方程式のストークス近似，あるいはストークス方程式の初期値問題と呼ぶ．方程式 (11.9) と比べると式 (11.10) は非線形項を取り除いたものであり，熱方程式と類似の構造をしていることがわかる．この方程式

は u, p について線形であるから熱方程式に対する解法を適用できる．ただしそのままでは依然として圧力の項が残っていて，熱方程式とは少し異なる形をしている．そこで，圧力項を取り去って，空間変数3次元の熱方程式に帰着させる．そうなると，解が2乗可積分の集合に含まれることを要求して，この方程式の解を，熱方程式の解法と同様に求めることができる．

(ストークス方程式のコーシー問題の解法)　簡単のために外力項 f を恒等的に0とする．形式的に方程式の両辺の発散をとると

$$\frac{\partial \mathrm{div}\ u}{\partial t} - \Delta(\mathrm{div}\ u) + \mathrm{div}\ \nabla p = 0$$

ゆえ，非圧縮条件 $\mathrm{div}\ u = 0$ を用いて，$\mathrm{div}\ \nabla p = \Delta p = 0$ を得る．すなわち圧力 p は調和関数である．そこであらかじめ速度場ベクトル u から圧力勾配 ∇p を差し引いておく．この操作を，速度場ベクトルを発散0の空間に射影するという．いまは，外力項 f に恒等的に0という条件を課しているので，初期条件 u_0 が発散0なベクトル場であるならば，∇p の項を無視してよい．すなわち考える方程式は

$$\begin{cases} \dfrac{\partial u}{\partial t} - \Delta u = 0, \quad t > 0, \quad x \in \mathbb{R}^3, \\[2mm] \mathrm{div}\ u = 0, \quad t \geq 0, \quad x \in \mathbb{R}^3, \\[2mm] u(t, x) \to 0, \quad |x| \to \infty, \\[2mm] u(0, x) = u_0(x) \quad (\text{初期値}) \end{cases} \tag{11.11}$$

となる．方程式の両辺をフーリエ変換する．$\mathcal{F}[u](\xi) = \hat{u}(\xi_1, \xi_2, \xi_3)$ とおくと，

$$\begin{aligned} \frac{\partial}{\partial t} \hat{u}(t, \xi) &= \mathcal{F}\left[\frac{\partial^2 u}{\partial x_1^2}\right](t, \xi) + \mathcal{F}\left[\frac{\partial^2 u}{\partial x_2^2}\right](t, \xi) + \mathcal{F}\left[\frac{\partial^2 u}{\partial x_3^2}\right](t, \xi) \\ &= (i\xi_1)^2 \hat{u}(t, \xi) + (i\xi_2)^2 \hat{u}(t, \xi) + (i\xi_3)^2 \hat{u}(t, \xi) \\ &= -|\xi|^2 \hat{u}(t, \xi). \end{aligned}$$

よって，$\hat{u}(t, \xi)$ は各 ξ について

$$\begin{cases} \dfrac{\partial}{\partial t} \hat{u}(t, \xi) = -i|\xi|^2 \hat{u}(t, \xi), \\[2mm] \hat{u}(0, \xi) = \hat{u}_0(\xi) \end{cases}$$

を満たす．そこで

$$\hat{u}(t, \xi) = e^{-|\xi|^2 t} \hat{u}_0(\xi).$$

フーリエの反転公式 (定理 9.3) より両辺を逆フーリエ変換を各変数について行えば，一次元の熱方程式の解法と同等にして

$$u(t, x) = \mathcal{F}^{-1}[\hat{u}(t, \xi)]$$
$$= \mathcal{F}^{-1}\left[e^{-|\xi|^2 t}\hat{u}_0(\xi)\right](x)$$

$(e^{-t|\xi|^2}$ と $\hat{u}_0(\xi)$ の積) の逆フーリエ変換は各々の逆フーリエ変換の合成積

$$\mathcal{F}^{-1}[f \cdot g] = \sqrt{2\pi}^{-1}\check{f} * \check{g}$$

(前述同様命題 9.5 による) であるから

$$u(t, x) = \sqrt{2\pi}^{-1}\mathcal{F}^{-1}\left[e^{-t|\xi|^2}\right] * \mathcal{F}^{-1}[\hat{u}_0]$$
$$= \sqrt{2\pi}^{-1}\mathcal{F}^{-1}\left[e^{-|\xi|^2 t}\right] * u_0,$$
$$\mathcal{F}^{-1}\left[e^{-\nu|\xi|^2 t}\right] = (2\pi)^{\frac{3}{2}}\int_{\mathbb{R}^3} e^{ix\xi}e^{-|\xi|^2 t}d\xi$$
$$= \left(\frac{1}{\sqrt{2t}}\right)^3 e^{-\frac{|x|^2}{4t}}$$

より

$$u(t, x) = \frac{1}{\sqrt{2\pi}^3}\left(\frac{1}{\sqrt{2t}^3}e^{-\frac{|x|^2}{4t}}\right) * \hat{u}_0(x)$$

を得る．もし初期条件 u_0 が発散零の条件を満たさない場合には，u_0 を分解して

$$u_0(x) = \tilde{u}_0(x) + \nabla p_0(x)$$

とし，$\mathrm{div}\,\tilde{u}_0 = 0$ となる分解を考えることになる．これは初期圧力 p_0 を

$$-\Delta p_0 = -\mathrm{div}\,u_0 \tag{11.12}$$

と境界条件を満たすものとして与える．仮に u_0 が 2 乗可積分程度の条件を満たす可微分性の保証された関数であるとすると，(11.12) の両辺をフーリエ変換することにより

$$\nabla p_0 = \nabla \mathcal{F}^{-1}\left[|\xi|^{-2}\mathcal{F}[-\mathrm{div}\,u_0]\right]$$

にて与えられる．この圧力項の右辺を

$$\nabla_i p_0 = -\nabla_i(-\Delta)^{-1}\mathrm{div}\,u_0$$

と表すことにする．ただし $\nabla_i = \frac{\partial}{\partial x_i}$ $(i = 1, 2, 3)$ である．このとき

$$\tilde{u}_{0,i} = u_{0,i} - \nabla_i p_0$$

であるから

$$\tilde{u}_0 = u_0 + \nabla(-\Delta)^{-1}\operatorname{div} u_0$$

$$= (\text{上式の第 } i \text{ 成分})$$

(11.13)

$$= \Big(\sum_{j=1}^{3} \Big\{ \delta_{ij} + \frac{\partial}{\partial x_i}(-\Delta)^{-1}\frac{\partial}{\partial x_j} \Big\} u_{0j} \Big)_{i=1,2,3}$$

となり，これが発散零の初期値となる．ここで $\delta_{ij} = 1$ $(i = j)$, $\delta_{ij} = 0$ $(i \neq j)$ はクロネッカーのデルタと呼ばれる．したがって初期値が発散零の条件を満たさないときは (11.13) の初期値で置き換えればよいので，$f \equiv 0$ の場合のストークス方程式の初期値問題の解は以下の公式により与えられる．

定理 11.7 (ストークス方程式の初期値問題の解の公式) 初 期 値 問 題 (11.10) において $f \equiv 0$ の場合の解 $u(t,x) = (u_1(t,x), u_2(t,x), u_3(t,x))$ は以下で与えられる．

$$u_i(t,x) = \frac{1}{\sqrt{2\pi}^3} \left(\frac{1}{\sqrt{2t}^3} e^{-\frac{|x|^2}{4t}} \right) * \sum_{j=1}^{3} \Big\{ \delta_{ij} + \nabla_i(-\Delta)^{-1}\nabla_j \Big\} u_{0,j}(x)$$

$$= \frac{1}{\sqrt{2\pi}^3} \left(\frac{1}{\sqrt{2t}^3} e^{-\frac{|x|^2}{4t}} \right) * \mathcal{F}^{-1}\Big[\sum_{j=1}^{3} \Big\{ \delta_{ij} - \frac{\xi_i\xi_j}{|\xi|^2} \Big\} \widehat{u_{0,j}}(\xi) \Big].$$

ただし $i = 1,2,3$ かつ $\nabla_i = \frac{\partial}{\partial x_i}$ である．$*$ は合成積を表す．

問題 11.9 定理 11.7 と定理 11.2 を元に，外力項 f が 0 ではない場合に，ストークス方程式の解の公式を求めよ．

演 習 問 題

11.1

(1) $\nu > 0$ とするとき次の熱方程式の初期値問題の解を求めよ．

$$\begin{cases} \dfrac{\partial u}{\partial t} = \nu \dfrac{\partial^2 u}{\partial x^2}, & -\infty < x < \infty, \quad t > 0, \\ u(0,x) = \dfrac{1}{1+x^2}, & -\infty < x < \infty. \end{cases}$$

(2) $\nu > 0$ とするとき次の熱方程式の初期値問題の解を求めよ．

$$
\begin{cases}
\dfrac{\partial u}{\partial t} = \nu \dfrac{\partial^2 u}{\partial x^2}, & -\infty < x < \infty, \quad t > 0, \\[2mm]
u(0, x) = \begin{cases} x + \pi, & -\pi \leq x < 0, \\ -x + \pi, & 0 \leq x \leq \pi, \\ 0, & |x| > \pi. \end{cases}
\end{cases}
$$

(3) $c \neq 0$ とするとき次の波動方程式の初期値境界値問題を解け.

$$
\begin{cases}
\dfrac{\partial^2 u}{\partial t^2} = c^2 \dfrac{\partial^2 u}{\partial x^2}, & -\infty < x < \infty, \quad t > 0, \\[2mm]
u(0, x) = \dfrac{1}{1 + x^2}, & -\infty < x < \infty, \\[2mm]
\partial_t(0, x) = 0, & -\infty < x < \infty.
\end{cases}
$$

(4) u を複素数値関数として,次の波動方程式の初期値問題を解け.

$$
\begin{cases}
i\dfrac{\partial u}{\partial t} = \dfrac{\partial^2 u}{\partial x^2}, & -\infty < x < \infty, \quad t \geq 0, \\[2mm]
u(0, x) = \dfrac{1}{1 + x^2}, & -\infty < x < \infty.
\end{cases}
$$

11.2 区間 $(-\infty, \infty)$ 上で熱方程式の初期値問題を考える:

$$
\begin{cases}
\dfrac{\partial u}{\partial t} = \nu \dfrac{\partial^2 u}{\partial x^2}, & -\infty < x < \infty, \quad t > 0, \\[2mm]
u(0, x) = u_0(x), & -\infty < x < \infty.
\end{cases}
$$

(1) 初期条件 u_0 が絶対可積分のとき,すなわち

$$
\int_{-\infty}^{\infty} |u_0(x)| dx < \infty
$$

のとき

$$
|u(t, x)| \leq \frac{1}{\sqrt{4\pi t}} \int_{-\infty}^{\infty} |u_0(x)| dx
$$

が成り立つことを示せ.

(2) 初期条件 $u_0(x)$ が絶対可積分かつ平均 0 の条件,すなわち

$$
\int_{-\pi}^{\pi} u_0(x) dx = 0
$$

を満たすとき上記の初期値境界値問題の解は

$$
|u(t, x)| \leq \frac{1}{\sqrt{4\pi t^2}} \int_{-\infty}^{\infty} |u_0(x)| dx
$$

が成り立つことを示せ.

11.3 $c \neq 0$ とするとき次の波動方程式の初期値問題を考える:

$$\begin{cases} \dfrac{\partial^2 u}{\partial t^2} = c^2 \dfrac{\partial^2 u}{\partial x^2}, & -\infty < x < \infty, \quad t > 0, \\[2mm] u(0, x) = u_0(x), & -\infty < x < \infty, \\[2mm] \dfrac{\partial u}{\partial t}(0, x) = u_1(x), & -\infty < x < \infty. \end{cases}$$

ただし初期条件はそれぞれ絶対可積分かつ 2 乗可積分とする．このとき解 $u(t)$ は次の等式を満たすことを示せ．

$$\int_{-\infty}^{\infty} \left| \frac{\partial u}{\partial t}(t, x) \right|^2 dx + c^2 \int_{-\infty}^{\infty} \left| \frac{\partial u}{\partial x}(t, x) \right|^2 dx$$
$$= \int_{-\infty}^{\infty} |u_1(x)|^2 \, dx + c^2 \int_{-\infty}^{\infty} \left| \frac{\partial u_0}{\partial x}(x) \right|^2 dx.$$

11.4 次の初期値問題の解の基本解による表示を求めよ：

$$\begin{cases} \dfrac{\partial^2 u}{\partial t^2} + \dfrac{\partial u}{\partial t} = \dfrac{\partial^2 u}{\partial x^2}, & -\infty < x < \infty, \quad t > 0, \\[2mm] u(0, x) = u_0(x), & -\infty < x < \infty, \\[2mm] \dfrac{\partial u}{\partial t}(0, x) = u_1(x), & -\infty < x < \infty. \end{cases}$$

索　引

欧　文

$L^1(\mathbb{R})$　136
LRC 回路　17, 42
T-周期関数　99

ア　行

アフィン型微分方程式　14

1 次元熱伝導方程式　157
1 次元波動方程式　169
一様収束　25, 108, 114, 128
一階線形微分方程式　14
一般解　8, 10
インパルス関数　149

ウェーブレット変換　98

演算子法　92

オイラーの公式　131

カ　行

解　8
ガウス核　144
核　110
拡散方程式　157, 182
確定特異点　69
可積分関数　136

基本解　37
基本解系　37

逆フーリエ変換　136, 152
急減少関数　151
境界条件　157
行列の指数関数　56
近似解　28

グロンウォールの補題　31

決定方程式　63, 71

合成積　88, 141
コーシー問題 (初期値問題)　177
コーシー-リプシッツの定理　27
コーシー列　26, 29
コンボルーション　88, 141

サ　行

指数増大度　81
周期関数　99
周期境界条件　157
シュレディンガー方程式の初期値問題 (コーシー問題)　189
初期条件　23
初期値問題 (コーシー問題)　23, 177
　シュレディンガー方程式の——　189
　ナビエ-ストークス方程式の——　191
　熱方程式の——　177
　波動方程式の——　184
　非斉次熱方程式の——　180
人口増大モデル　4
　フェルフルストの——　6
　マルサスの——　3

振動方程式　169

ストークス近似　191
　ナビエ-ストークス方程式の――　191
スペクトル分布　98

正規型　7, 22
整合条件　170, 172
斉次 (高階) 線形微分方程式　35
斉次線形微分方程式　14, 35
生物増殖モデル　1
積分核　110
線形微分方程式　13, 35

相関関数　142
総和平均　107, 109
測度　151

タ　行

第一種ベッセル関数　76
第二種 0 次ベッセル関数　78
畳み込み積　88, 141
ダランベールの公式　186
単振動　16

チェザロ和　107
超関数　151
直交性　102

定数変化法　15
ディリクレ境界条件　161
ディリクレ条件　157
ディリクレ問題　170
デュハメルの公式　15
デルタ関数　150, 151

同次型　10
特異解　63
特異点　63
特性根　38
特性多項式　38
特性方程式　38
特解　8, 10

ナ　行

内積　102

二階線形微分方程式　16
2 次元拡散方程式　182
2 次元熱方程式　182
ニュートンの運動方程式　16

熱伝導方程式　157
熱方程式　182
　――の初期値問題 (コーシー問題)　177

ノイマン境界条件　162
ノイマン条件　157
ノイマン問題　172
ノルム　47

ハ　行

パーセバルの等式　144, 148
波動方程式　169
　――の初期値問題 (コーシー問題)　184
ハミルトン系　17
ハール関数　130
半減期　3

ピカールの逐次近似定理　27
ピカールの逐次近似法　27, 30
非斉次 (高階) 線形微分方程式　35
非斉次線形微分方程式　14
非斉次熱方程式の初期値問題 (コーシー問題)　180
非斉次波動方程式の初期値問題　187
非線形微分方程式　18
微分方程式　2, 7
　オイラーの――　62

フェイエル　107
フェイエル核　110, 125
複素フーリエ級数展開　132
フックス型　69, 74
プランシェレルの等式　144
フーリエ　97

索　　引

フーリエ解析　99
フーリエ級数　106
　——の複素数化　132
フーリエ級数展開　118, 127
フーリエ係数　106
フーリエの反転公式　143
フーリエ変換　136, 152
　——の性質　138

ベッセルの不等式　114
ヘビサイドの階段関数　82
ヘルダー連続　123
ベルヌーイ型微分方程式　18
変数分離型　9

ラ 行

ラプラシアン　182
ラプラス逆変換　84
ラプラスの反転公式　84
ラプラス変換　81

リッカチ型　19
リプシッツ定数　24
リプシッツ連続　24, 28, 30

ロジスティック曲線　5
ロンスキアン　38, 49
ロンスキー行列　38, 49

著者略歴

小川卓克
お がわ たか よし

1963 年　東京都に生まれる
1988 年　東京大学大学院理学研究科修士課程修了
現　在　東北大学大学院理学研究科教授
　　　　理学博士
著　書　『非線型発展方程式の実解析的方法』（丸善出版）など

現代基礎数学 10

応用微分方程式　　　　　　　定価はカバーに表示

2017 年 4 月 25 日　初版第 1 刷
2022 年 9 月 25 日　　　第 3 刷

著　者　小　川　卓　克

発行者　朝　倉　誠　造

発行所　株式会社　朝　倉　書　店

東京都新宿区新小川町6-29
郵 便 番 号　162-8707
電　話　03(3260)0141
Ｆ Ａ Ｘ　03(3260)0180
https://www.asakura.co.jp

〈検印省略〉

© 2017 〈無断複写・転載を禁ず〉　　　　中央印刷・渡辺製本

ISBN 978-4-254-11760-8　C 3341　　　Printed in Japan

JCOPY ＜出版者著作権管理機構 委託出版物＞

本書の無断複写は著作権法上での例外を除き禁じられています．複写される場合は，
そのつど事前に，出版者著作権管理機構（電話 03-5244-5088, FAX 03-5244-5089,
e-mail: info@jcopy.or.jp）の許諾を得てください．